沒飯可吃？那你不會吃甜麵包嗎？

麵包專題作家X甜點研究家的奇趣對談集

麵包實驗室
池田浩明
甜點研究家
山本百合子

瑞昇文化

必然相遇的甜點和麵包

一般認為甜點和麵包是不同的食物，但彼此間卻有範圍廣泛難以歸類的中間地帶。例如，名為波斯托克（Bostock）的甜點。雖說輕易地寫成「甜點」，但是波斯托克是用布里歐許（Brioche）的麵團做成的。應該沒有多少人會認為布里歐許是甜點吧。

那麼，說它是麵包，也是有微妙的差異。在法國，像布里歐許或可頌等加了油脂和砂糖的食物，稱作「維也納甜麵包（viennoiserie）」，和一般麵包不同。有「來自維也納」之意，屬於麵包和甜點間的另類範疇。

不僅是法國，在日本也有很多不知是甜點或麵包的食物。例如，在麵包店買得到名為甘食的圓錐狀點心或長崎蛋糕間夾著羊羹的西伯利亞蛋糕等，雖是甜點卻像麵包的傳統點心。有很多像哈蜜瓜麵包或長崎蛋糕麵包等兼具麵包和甜點特性的綜合式甜點，乘著文明開化的浪潮，接受似是而非的西洋文化在日本留存下來。這種情況下的產物不就是「奇趣甜麵包」嗎？

多年來吃遍各種麵包的不才敝人我，遇見甜點研究家山本女士。我們對於巧克力可頌是多麼棒的食物，或法棍、可頌等該抹什麼果醬等議題有過熱烈討論。現在回想起來，我們聊的都是「奇趣甜麵包」啊。

身為Bread Geek（麵包宅）的我，不懂甜點。但是，正因為有甜麵包，為了更深入了解麵包一事，才去認識甜點。充滿好奇心的山本女士，靜靜地聆聽吃遍各種麵包的我說話。我的日本「奇趣甜麵包」言論，對於研究法式和英式甜點的她而言，簡直就像達爾文發現加拉巴哥進化島（Galapagos）般令人大感興趣吧。甜點人和麵包人的對談如同哈蜜瓜麵包的外皮與內部般契合，是命中註定的必然結果。

雖說加上「實用」的副標題，卻令人汗顏。因為要提出對人類有用的言論，在下實在是才疏學淺。但對於奇趣甜麵包的熱愛卻是誠摯的。對山本女士而言一定也是如此吧。回想起曾買來吃過的麵包依舊是意猶未盡，一聽到有沒吃過的麵包，就恨不得能馬上入口。在漫無邊際的對談中，兩人對甜食的喜愛也漸趨一致。

在數不清的「奇趣甜麵包」中，有些頗受歡迎，有些則被遺忘。我迫不及待地想傳達出這類麵包的魅力。我愛所有的「奇趣甜麵包」。

麵包實驗室　池田浩明

「奇趣麵包」和「甜麵包」

據說來自維也納的法國皇后瑪麗安東妮（Marie Antoinette）曾經說過「沒有麵包吃，為何不吃布里歐許」（本書中已闡明這並非事實……）。我們就生活在無論是誰說出這樣的話都不會遭白眼的飽食時代。接著，迎來麵包熱潮。周遭充斥著各式各樣的麵包。

我非常喜歡甜食。應該說比起塗滿奶油或放了許多水果的甜點，更喜歡用大量碳水化合物（粉類）做成的甜食。因此，我一直都很愛麵包世界中的甜麵包或甜點風味麵包。藉由這波麵包熱潮，我聽到在由海外研習職人開設的法式、德式、美式麵包店增加的同時，相反地也有年輕的麵包師傅就算沒出國也開始經營起原創風格的麵包店，實在是令我好奇不已。

就在某一日，就像「沒有甜點就吃甜麵包啊」這句話的精神那樣，想要詳細記下美味甜麵包及由來、詳細吃法的夢想，都因為獲得了麵包作家池田先生的幫忙得以實現。

池田先生告訴我，以前的麵包烘焙區和甜點廚房相鄰，廚師們致力做出美味食物，將餅乾麵團覆蓋在麵包上，或用麵包把長崎蛋糕捲包起來等，研發出日本特有的「奇趣甜麵包」。原來如此，奶油麵包是能輕鬆品嘗到奶油泡芙滋味、哈蜜瓜麵包則是品味高級哈密瓜的替代品，一想到這也能滿足平民百姓的口腹和心靈之欲，心情也隨之激動。

法國的麵包店，招牌上大多寫著 Boulangerie-Pâtisserie（麵包店兼甜點店）。因為麵包和甜點都在同樣的空間製作。以此為例，自有麵包和甜點出現的西洋時代以來，兩者一直都是形影不離。

我和麵包實驗室的池田先生針對「奇趣甜麵包」進行了一年以上的探討。這個用語包含兩種意思，不知是麵包還是甜點的「奇趣麵包」，和麵包結合甜點的「甜麵包」之意。以 Made in Japan 的「奇趣甜麵包」為首，到來自國外的「奇趣甜麵包」，有時自己做，有時到外面尋找美味伴侶，希望讀者務必品嘗一下我們鍥而不捨找來的「奇趣甜麵包」。

山本百合子

目錄

使用須知

- 在本文中池田標記為Ｉ，山本為Ｙ。
- 文末列舉的商店中，營業時間的ＬＯ表示最後點餐時間。另外公休日不包括暑假、寒假、大型連假及臨時休假。
- 在食譜方面，奶油沒有特別註明時，請使用含鹽奶油。1大匙＝15ml，1小匙＝5ml。
- 文中資訊為２０１６年12月的現況。

紅豆麵包

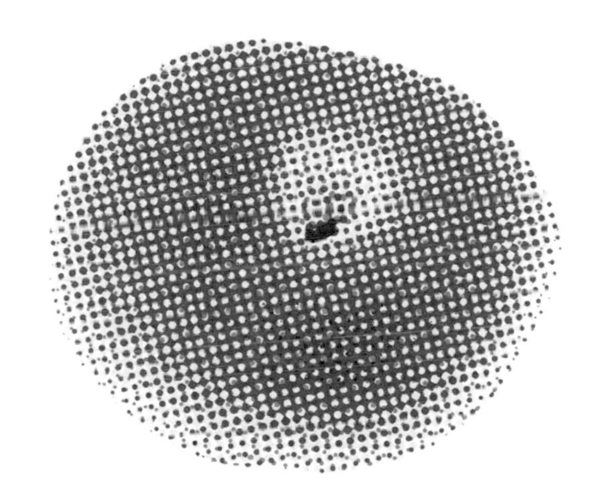

甜麵包源自銀座木村家

Y 紅豆麵包是日本「甜麵包」的始祖。其歷史可追溯到約140年前，明治8年（1875年）4月4號**銀座木村家**＊1製作的櫻花紅豆麵包。

I 以製作日本酒時也會用到的酒麴培養出的麵包酵母稱作「酒種」，木村家的**紅豆麵包**（第16頁照片）就是添加該酒種酵母來發酵麵團。從明治時代起，就有名為酒種室的部門傳承至今。

Y 感覺上是家歷史悠久的老店。

I 聽說麵包店剛開幕時，因為麵包滯銷，便想出類似饅頭風格那種容易讓日本人接受的食物。

Y 原來如此，從酒饅頭得到的靈感啊。

I 麴菌是黴菌的一種。聽說只有日本是用黴菌做麵包的。**麴菌購自麴屋**＊2。像木村家及鳥取的Talmary＊3等在麵包店自行培養麴菌的店家，就像日本酒的寺田本家般罕見。以前我曾在《麵包實驗室》（白夜書房）這本書中買來很多紅豆麵包並試吃……。

Y 我看過書，是「紅豆麵包的時光之旅」。內容是依出廠的先後順序試吃銀座木村家生產的11種紅豆麵包。實際上的試吃結果如何？

I 布里歐許麵包體的紅豆麵包雖然好吃，但吃不膩的卻是酒種紅豆麵包。發酵味讓紅豆甜度變醇厚，接著散發出淡淡酸味。雖然紅豆和奶油也很對味，但我覺得紅豆和酒種酵母的香氣更加相得益彰。

Y 吃不膩是非常重要的條件呢。

牛奶和麵包密不可分

I 說到適合搭配綠茶的麵包，應該是紅豆麵包吧。

Y 雖然配綠茶很對味，但最佳拍檔還是牛奶吧？以前，我偷偷地嚮往過刑警劇中警方盯哨時吃的紅豆麵包和牛奶，甚至還想當刑警呢（笑）。

I　紅豆麵包和牛奶，在秋葉原車站月台上的 Milk Stand 內有吧？現在還在賣小時候最早吃過的山崎紅豆麵包。連包裝都沒變。從以前就是暢銷商品，確實很好吃。我就為了這個去秋葉原 Milk Stand 的。

Y　太有趣了！

I　小時候一經過秋葉原站，就能從電車車窗看到上班族站在 Milk Stand 前喝牛奶及吃紅豆麵包。這番情景從那之後就沒變過。真想幫那些穿西裝插腰喝牛奶的人拍照。

Y　真是美好的懷舊畫面啊。就好像看到甜麵包的起源。

▼**實驗1　嚮往的紅豆麵包套餐**　↓第12頁

I　《蟹工船》的作者，小林多喜二的老家是間麵包店。三浦綾子的小說《母親》，主角是小林多喜二的母親，她開了一家麵包店。店內同時販售有紅豆麵包和牛奶。

＊1　銀座木村家
東京都中央区銀座 4-5-7
03-3561-0091
10：00 ～ 21：00　全年無休
www.ginzakimuraya.jp/bakery/
1869 年開業，是紅豆麵包的創始店。銀座的代表性商店。

＊2　麴菌購自麴屋
製作種麴（麴的根源）賣給味噌、醬油、酒類製造商的種麴店，在業界中稱作「麴屋（もやし屋）」。

＊3　Talmary
鳥取縣八頭郡智頭町大字大背 214-1
0858-71-0106
10：00 ～ 16：00　LO
週二、三公休
（冬季週二、三、四公休）
talmary.com
自行培養麵包、啤酒等各式菌種。連麵粉也自製，立志成為促進地區經濟循環的據點。

＊4　SCRATCH
從量麵粉到烘焙完成都在店內進行的麵包店。

＊5　築地木村家
東京都中央区築地 2-10-9
03-3541-6885
7：00 ～ 20：00
（週六～ 17：00）
週日、例假日公休
（暑假以外有臨時閒店日）
從銀座木村家分家開業的商店。除了紅豆麵包外，牛筋洋蔥咖哩麵包和三明治也很有名。

嚮往的紅豆麵包套餐

小時候（1970年代）從自家所在的千葉坐總武線到秋葉原時，就會看到月台上的大人們穿著西裝手插腰邊喝牛奶邊吃紅豆麵包。當時認為自己長大後也會穿西裝在月台上喝牛奶。即便時光流轉，秋葉原的Milk Stand依舊健在。這家店是什麼人、又是什麼理念在經營的呢？

昭和26年，**秋葉原的月台上**[*1]出現了Milk Stand。在戰後不久，人民為營養不良所苦的時代，牛奶是寶貴的營養來源。到了泡沫經濟時代，沒空好好吃早餐或午餐的上班族，靠牛奶支撐體力。現在，秋葉原成為宅男聖地，年輕人喝牛奶的身影顯得相當醒目。

周遭環境也起了變化。玻璃瓶牛奶輸給便利店賣的紙盒牛奶後，幾乎消失無蹤。

「牛奶要裝在玻璃瓶喝才好喝。和拿吸管喝啤酒就不美味的道理一樣。街上牛奶店，以前都是騎腳踏車配送瓶裝牛奶，但因為高齡化，越來越少人做了」（負責人稻村嘉一先生）。

31年來持續經營著Milk Stand的，就是**永澤光子**[*2]女士。接連多日賣了三千瓶牛奶。在交通尖峰時段同時賣給蜂擁而入的顧客。那個時段對被時間追著跑的商務人士而言是分秒必爭。不導入Suica（日本悠遊卡）系統的原因是給零錢比較快。

和三千名顧客應對的同時還能記住熟客的臉孔。有空時便會聊幾句。

永澤女士一邊面對絡繹不絕的顧客一邊和我說「我喜歡和客人聊幾句。一直沒來的會關心他怎麼了。假設一年會遇見三千個人，乘以三十年表示有九萬個人跟我買牛奶。」

對永澤女士來講有印象深刻的顧客嗎？

「在昭和時代吧？」

她邊笑邊說起睽違20年再度光臨的客人。他在上班途中每天都來買牛奶，但是因為工作生變、退休，就突然沒機會過來了。不過緣分未斷，再次與他歡笑相逢。即便時光荏苒依舊堅守原處才能再會。

這裡有賣小時候到處都買得到，但現在卻幾乎找不到的山崎紅豆麵包。**一個100日圓的紅豆麵包和120日圓的牛奶**＊3。加起來220日圓的組合稱作「**紅豆麵包套餐**＊4」。

「提供100日圓、200日圓的幸福美味。我很開心能讓大家充滿活力」（稻村先生）

即便時光流逝，「幸福美味」的本質未曾變過。

（I）

3

4

2

1

酪牛奶店／秋葉原 Milk Stand

東京都千代田区外神田 1 JR 秋葉原駅
03-3251-3286
6：30～21：00　全年無休
70 年來持續在 JR 秋葉原站的月台上，從早到晚提供忙碌的人們牛奶和麵包。

Y　文學中的麵包，真棒呢。

I　谷中墓地前有處像是麵包店版本的天然紀念物。因為拒絕採訪，雖然無法拍照，但像是以前兼賣零嘴的麵包店。好像是在賣從大工廠用卡車運來的麵包吧。小林多喜二老家的麵包店，感覺上就像這樣。說到我小時候的麵包店，不是現在的SCRATCH*4現場製作形態，而是寫著「山崎」招牌的店家。

紅豆麵包和麵包酵母的相容性

Y　像那種麵包店一定會賣紅豆麵包。在銀座木村家販售酒種紅豆麵包約40年後，聽說**築地木村家**＊5接著賣的**罌粟籽紅豆麵包**（第16頁照片）至今仍買得到。罌粟籽紅豆麵包，不使用酒種酵母而是添加**啤酒花酵母種**＊6，對吧？

I　幕府末期最早在橫濱做出的吐司，就是使用麒麟啤酒工廠提供的啤酒花。麵包酵母（酵母粉）是在大正時代傳入日本。在此之前，所有的麵包酵母都須自家培養。一般好像都用啤酒花製作。

Y　很多材料都能採集到酵母吧？像果皮之類的。

I　水果或蔬菜都採集得到喔。空氣中也有。

Y　聽說很難用那些培養出穩定的酵母菌。您知道除了酒種之外適合用來做紅豆麵包的酵母嗎？

I　有家名為M・SIZE＊7的麵包店用各種水果培養酵母。那裏的**胡桃橙皮紅豆麵包**（第16頁照片）是用枇杷酵母做的。糖漬橙皮配上枇杷酵母呈現清爽香氣與酸味。

Y　柑橘類和紅豆好像很對味！

I　像櫻花酵母也很棒喔。浦和有間名為TARO屋＊8的麵包店，用櫻花培養酵母。

Y　那和紅豆麵包應該很搭。

I　百合子女士做過豆沙餡嗎？如果知道好吃的豆沙

餡配方就太棒了。不過這很費時吧？

Y 如你所言相當費時，要做好幾次才能熟練。比起煮出美味的豆沙餡，買市售品回來，加鹽或柚子調味，嘗試不同的變化比較有趣吧？

▼ **實驗2 — 讓紅豆奶油吐司吃起來更美味的提案** →第20頁

滿足日本人心靈的紅豆麵包

Y 最初看到愛知縣人把豆沙餡塗在麵包上吃時，我嚇了一跳。有不少人家裡常備著市售豆沙餡呢。

I 說到名古屋就是「紅豆吐司」。尋常卻美味。東京的話麻布十番**天之屋***9的小倉吐司很好吃喔。

Y 若是時髦的咖啡館，南青山**buik***10的**小倉吐司**（第16頁照片）可謂絕品。豆沙餡就像水羊羹般爽口可以大口吃光。

I 仔細想想，豆沙餡真是百搭食材呢！和吐司、法國長棍麵包、丹麥麵包等任何麵包都很對味。在**普瓦蘭***11工作過的法國人曾是**Les 5 Sens***12的第一代主廚，這家店內也賣**紅豆可頌**（第16頁照片）。

＊6　啤酒花酵母種
啤酒花是釀製啤酒必備的植物，在煮好的啤酒花汁中加入麵粉等進行續養製成發酵麵種。

＊7　M・SIZE
東京都目黒区鷹番 2-5-17
03-3760-5661
11：30 ～ 20：30　週二、第一週週一公休
利用各種當季採收的水果或蔬菜培養麵種製成的麵包相當受歡迎。

＊8　TARO 屋
埼玉県さいたま市浦和区大東 2-15-1
048-886-0910
10：00 ～售完為止
只在週四、週六營業
www.taroya.com
利用自家栽種的蔬菜或樹木採收的果實、花朵培養麵種，在麵包中融入季節感。

＊9　天之屋
東京都港区麻布十番 3-1-9
03-5484-8117
12：00 ～ 23：00
（週日及假日～ 22：00）
第 2、4 週週二公休
www.amano-ya.jp
在大阪創業超過 80 年的甜品鋪。關西風味的高湯蛋捲三明治堪稱絕品。

＊10　buik
東京都港区南青山 4-26-12 1F
03-6805-0227
8：00 ～ 18：00　週日、一公休
buik.jp
位於根津美術館附近的咖啡館。老闆曾在 CICOUTE CAFE 工作過。早餐菜單（8：00 ～ 11：00，LO 10：00）的小倉吐司是絕品美味。

＊11　普瓦蘭（Poilâne）
8 rue du Cherche-Midi 75006 Paris
www.poilane.com
就算所有店家都用麵包酵母（酵母粉）來烤麵包，該店也堅持用傳統自家培養的老麵進行發酵，是巴黎左岸的傳奇商店。知名商品是名為 Miche 的鄉村麵包。

buik
小倉吐司
第 15 頁

Les 5 Sens
紅豆可頌
第 15 頁

Boris
紅豆麵包
第 18 頁

銀座木村家
紅豆麵包
第 10 頁

築地木村家
罌粟籽紅豆麵包
第 14 頁

M・SIZE
胡桃橙皮紅豆麵包
第 14 頁

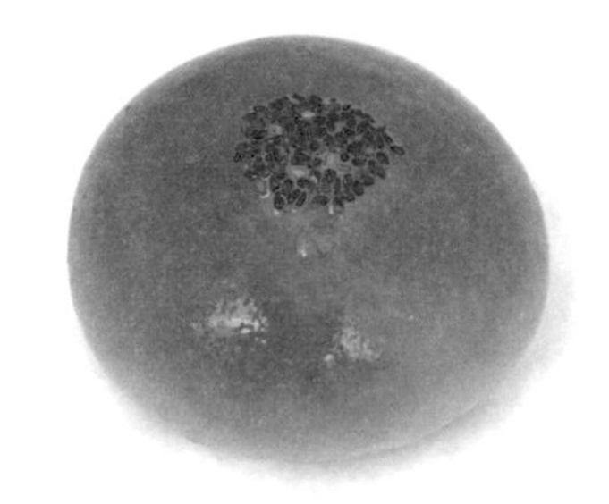

喜福堂
紅豆麵包
第 22 頁

365 日
紅豆麵包
第 18 頁

Siesta 烘焙坊
紅豆麵包
第 22 頁

德多朗麵包坊
紅豆麵包
第 19 頁

Y　可頌和豆沙感覺很對味呀。

I　他在法國開了麵包店後，便試著推出紅豆麵包。曾經問過他法國人吃不吃豆沙餡，似乎連他們都覺得好吃。

Y　在巴黎有好幾家麵包店賣紅豆麵包。聽說住在巴黎的日僑都會去買。其中一家名為**Boris**[13]（第16頁照片）的店，麵包師傅的妻子就是日本人。總覺得法國人不喜歡豆沙餡，因為無法接受甜味豆類。就像我們不愛吃甜米飯一樣。

I　我聽說德國人雖然不吃紅豆麵包，卻喜歡紅豆三明治。似乎是無法接受裡面流出來的豆沙餡。裡面塞了餡料的紅豆麵包或奶油麵包等日式麵包，就像饅頭的延伸品。專業術語叫「包餡」。

Y　整體來看紅豆麵包就像隱藏版美食，是「日本人才懂的美味」吧。

I　是日本人的精神象徵呢。就算說日本國旗的正中間是紅豆麵包也行吧（笑）。

Y　我贊成！就好比紅豆麵包是為了住在巴黎的日本人所做。希望他們吃到懷念的日本家鄉味。

擄獲我心的紅豆麵包

I　我覺得還是銀座木村家的紅豆麵包好吃。沒有幾家比得上。另外，**365日**[14]的**紅豆麵包**（第17頁照片）最讓人訝異。剛咬下時，不知道吃進了什麼。

Y　那麼特別？

I　尤其是白豆沙餡，餡料充滿水果味。另外裡面還是空心的。

Y　水果味指的是白豆沙餡本身嗎？還是其他配料？

I　只有白豆沙餡。我覺得豆沙餡原本就帶有水果味。所以草莓大福才會那麼對味。

Y　是素材本身就香氣十足？應該用了味道濃郁的材

料吧？

I　是存在感「明顯」。就像安納地瓜※和普通地瓜的差別。

Y　這樣講就有點懂了……。內部空心是製作時免不了的吧。因此，紅豆麵包的正中間會凹下去。

I　是啊。很多人覺得像木村家的紅豆麵包沒有空心就很好。一旦中空，就會有人抱怨權益受損。我覺得這沒什麼吃虧的啊（笑）。相反地365日的紅豆麵包就做成中空狀。因為可以享受到鬆軟的口感、及咬下瞬間散發出的香氣。

Y　很少有店家自己煮豆沙餡吧？

I　一般使用的豆沙餡都是向製餡工廠購買。而像**Levain**[15]體系等堅持手工製作的麵包店則大多自行蒸煮豆沙餡。我很喜歡由Levain前員工開設的**cimai**[16]的紅豆奶油麵包。奶油不用抹的而是切成薄片和紅豆一起做成夾餡。紅豆粒香氣濃郁，甜度適宜，因此和微甜的麵包相當契合，非常好吃。**德多朗麵包坊**[17]（第17頁照片）的自製豆沙餡也很美味。在麵包體中加入葡萄酒，味道芳香口感綿軟。店家驕傲地說自開業時起熬煮豆沙餡的手就沒停過。

＊12　Les 5 Sens
東京都世田谷区若林 1-7-1
プチピエール三軒茶屋 1F
03-6450-7935
8：00～21：00　不定期公休
www.les5sens.jp
麵包坊以普瓦蘭出身的第一代主廚帶來的配方為基礎，主商品為硬麵包。

＊13　Boris
48 rue Caulaincourt, 75018 Paris
位於蒙馬特山丘附近，日法夫妻倆合力經營的商店。紅豆麵包有原味和抹茶兩種（第16頁照片的是抹茶麵包體）。

＊14　365日
東京都渋谷区富ケ谷 1-6-12
03-6804-7357
7：00～19：00　2月29號公休
www.365jours.jp
老闆兼主廚杉窪章匡先生堅持選用跟農家直接進貨的國產麵粉等素材，做出新穎麵包。

＊15　Levain
東京都渋谷区富ケ谷 2-43-13
03-3468-9669
8：00～19：30
（週日、假日～18：00）
每週一、第二週週二公休
levain317.jugem.jp
享有麵包聖地之名，是日本最早自行培養天然酵母的專賣店。親自到農家採購小麥，磨製糙麥。群眾藉由不丟棄麵包、以物易物等就能共生……。主廚甲田幹夫的哲學為麵包店或自然飲食實踐家帶來不小的影響。

＊16　cimai
埼玉県幸手市大字幸手 2058-1-2
0480-44-2576
12：00～18：00 左右　不定期公休
www.cimai.imfo
來自 Levain，用天然酵母做麵包的姐姐、和用酵母粉做麵包的妹妹共同經營的高質感麵包店。

※ 安納地瓜被譽為世界最甜的地瓜。

實驗 2

讓紅豆奶油吐司吃起來更美味的提案

紅豆和奶油悄悄地掀起一股熱潮。抱持著再加點什麼可以讓這對黃金拍檔美味升級的念頭，啟動了這項實驗。吐司烤過之後，塗上奶油抹上市售的顆粒紅豆餡（可依喜好選用紅豆泥），做成紅豆麵包奶油吐司。再撒些鹽、黑糖、黃豆粉、肉桂粉、鮮奶油、蘭姆酒、黑胡椒、草莓、柚子等感覺上和豆沙餡頗對味的食材並試吃。最後選出6種和紅豆奶油吐司最速配的配料。（Y）

黃豆粉

依喜好撒上黃豆粉並加入少許鹽也能帶出豆沙的甜味。也可以在上面撒些芝麻粉。是日本人都喜歡的味道。黃豆粉和吐司很對味。

鹽

比起鬆散的食鹽建議用帶有濕氣的鹽。鹽能帶出豆沙的甜味與香氣，呈現出有別於豆沙的風味。也可以將柚子汁淋在上面。

洋酒鮮奶油

依喜好加入砂糖打發成鮮奶油。打到 8 分發後淋入洋酒（蘭姆酒、白蘭地、櫻桃白蘭地等）輕輕攪拌後擠在吐司上。就算是原味鮮奶油和豆沙也很對味。在非常契合的兩種食材上加些變化增添成熟風味。

肉桂粉

撒上肉桂粉就像京都甜點生八橋的味道。西洋食材肉桂變身成日式風。

草莓＋黑胡椒

草莓切成喜歡的形狀後放在吐司上，撒點黑胡椒。在如同草莓大福般的熟悉風味上增添酸味與新鮮感。

柚子

繞圈淋入柚子汁，擺上切細的黃色柚子皮。利用酸味平衡豆沙纏繞在舌尖上的甜膩感。

Y　聽起來就很美味！好想吃喔。

I　有家名為**ANDESU MATOBA**[18]的麵包店，販售種類豐富的紅豆麵包。母公司為的場製餡所，是家製造約30種豆沙餡的製餡工廠，店內也販售有多種豆沙麵包。社長88歲，強調麵包店應該自己煮豆沙餡。有科學數據指出豆沙餡的美味和鍋子尺寸成反比，所以比起現成品，單柄鍋熬煮的比較好吃。

Y　那很有說服力耶。說到這，紅豆麵包的豆沙餡，你喜歡帶顆粒的還是紅豆泥？

I　我喜歡吃紅豆泥的。我愛那種入口粗糙卻能瞬間融化的口感。

Y　不光是紅豆麵包，只要是含有豆沙餡我就喜歡吃帶顆粒的。紅豆沒有那層薄皮的話吃了什麼自己都不知道。因此對我而言咬開外皮的口感也是豆沙餡的一部分。

I　還有，我很喜歡位於巢鴨拔刺地藏菩薩前的傳統麵包店**喜福堂**[19]（第17頁照片）。曾是第二代店主的祖父為日式點心師傅，店內依循他流傳下來的配方煉製豆沙餡。我推薦可以嘗到正統古早味的顆粒紅豆餡。吃起來既有紅豆顆粒的味道也有紅豆泥入口即化的優點。

Y　聽起來就很好吃。

I　**Siesta烘焙坊**[20]（第17頁照片）的顆粒紅豆餡也有此番風味。吃得到香氣優雅的紅豆皮，卻不會在嘴中留下異物感，同時有紅豆泥香甜入口即化的口感。聽店主水谷先生說煮出來的紅豆不能破皮而且要夠綿密。就像膠囊般將香氣和甜味鎖在裡面。據說要煮出最佳狀態，與豆子是否現採、浸泡的水溫和時間、火力控制、水量及攪拌方法等所有因素皆相關，就算花上10年研究都不夠。

Y　製作豆沙餡真的很辛苦。在自家精心熬煮豆沙餡的麵包店做出來的紅豆麵包，不就是日本人的精神象徵，同時也是達到理想境界的紅豆麵包嗎？因為師傅將自己的情感揉進了麵包和豆沙餡內……。

＊ 17　德多朗麵包坊
神奈川県横浜市青葉区元石川町6300-7
045-902-8511
7：00～18：00　週二、三公休
店內有多款知名商品如紅豆麵包、吐司、咖哩麵包、奶油夾心軟法等，是頗受歡迎的麵包店。中心北車站內也有分店。

＊ 18　ANDESU MATOBA
東京都台東区浅草 3-3-2
03-3876-2569
8：00～18：00　週日、假日公休
店內時常販售有包了顆粒紅豆餡、紅豆泥、豌豆泥、毛豆泥、芝麻泥等 20 多種豆沙麵包。

＊ 19　喜福堂
東京都豊島区巣鴨 3-17-16
03-3917-4938
10：00～19：00（售完為止）
週一、二公休
（逢4的日子［緣日］和假日營業）
www.kifukudo.com
紅豆麵包是巢鴨的名產。因為第 2 代店主曾是日式點心師傅，所以豆沙泥和顆粒紅豆餡的作法也與眾不同。奶油麵包也是第 2 代店主的密傳配方。

＊ 20　Siesta 烘焙坊
神奈川県横浜市青葉区奈良 5-4-1
レベンスラウム 1F
045-963-5567
7：00～18：30　週一公休
panadera-siesta.com
不但自行磨製麵粉部分還是自家栽種的小麥。從餡料起的所有配料皆自製。

CONFISERIE
BOULANGERIE
BOULANGERIE
PATISSERIE
DU
DE LA
GALETTE
BOULANGERIE
PATISSERIE
DU
DE LA
GALETTE
SPECIALITE DE
CROISSANTS
ON PORTE
EN VILLE

奶油麵包

香草籽美味記事世代

Y 以前的奶油麵包內餡，說是顏色偏淡嘛，其實是不透明吧？

I 應該是色澤偏白。千駄谷有一家名為 **MASUDA 麵包店**＊1的商店。雖說主廚很年輕，卻沒有冠上麵包烘焙坊的字樣，看起來就像街上的麵包店。那家奶油麵包的卡士達醬顏色偏白且味道清淡。年長者吃了都大呼「好懷念」。當然只有味道上走懷舊風，用料還是很講究的。

Y 以前的奶油麵包好像沒加蛋？

I 可能有加少許蛋液，或是用全蛋。因為生病時才能吃雞蛋吧。戰後，**蛋價**＊2似乎暴跌。使用香草精或香草籽增添奶油香氣應該是最近的事吧。順帶一提，聽說 MASUDA 麵包店的卡士達醬是用全蛋做的。

Y 就像生長在**「香草籽美味記事」**＊3世代。也可說是近年來飲食生活充裕的恩澤吧。那充滿神聖香氣的顆粒，以前還被糊里糊塗地認為是混了雜質的不良品呢。之前，曾經試著用全蛋做卡士達醬。要是好吃的話，甜點店就不用煩惱剩下的蛋白該怎麼處理了。不過，用全蛋做的卡士達醬，達不到我理想中的味道。再次確定就算蛋白會剩下，也只能用蛋黃做卡士達醬（笑）。

加法的法國、減法的日本

I **中村屋**＊4是奶油麵包的創始店。好像是成立中村屋的夫妻倆，吃到奶油泡芙時，對其美味驚為天人，便想到用卡士達奶油取代紅豆麵包的豆沙餡。也比豆沙餡營養。據說是明治37年（1904年）的事。

Y 原來如此，是中村屋啊。只有奶油＋麵包，是非常道地的日本創意。日本人對簡單的味道相當敏感，喜歡單純風味。可說是禪文化吧。

I　當時的日本因飲食條件貧瘠，苦於維生素不足造成的腳氣病。中村屋剛創立時因為位於東京大學前，會添加牛奶或雞蛋做成的高營養奶油，或許是出自父母的關愛之情吧。

Y　就文化層面而言，就像代表法國的凡爾賽宮，是以加法來展現價值。因此，在法國不會拿錢去買奶油泡芙。感覺上要特地到甜點店掏錢購買的，應該是巧克力或咖啡口味的閃電泡芙等精心製作的商品才划得來。法國應該不會有奶油麵包吧。

I　原來也有這一面啊。不過，我覺得來自法國的巧克力可頌堪稱簡樸美學呢……。在日本，有個說法是甜麵包是吃不到西點時的代替品。有各種將甜點配料黏在麵包體上的趣味麵包，例如哈蜜瓜麵包或**帽子麵包**[*5]等。

Y　確實如此。在歐美和日本，品嘗甜點的歷史時間不同。就池田先生的說法，日本在這方面，以西洋傳來名為麵包的食物衍生出的甜麵包，取代西點深入民間。我覺得這實在是充滿日本精神的麵包文化。

＊1　MASUDA 麵包店
東京都渋谷区神宮前 2-35-9
原宿リビン 101
03-5410-7732
9：00 ～ 18：00
週六、日、假日、不固定日公休
精心製作日本人心目中的基本款麵包。

＊2　蛋價
1950 年（昭和 25 年）：2370 日圓
1975 年（昭和 50 年）：665 日圓
2012 年（平成 24 年）：213 日圓
（2012 年之外的數據都換算成現在的價值。出自：出乎意料的驚人物價　優等生「雞蛋」的價格變遷 gakumado.mynavi.jp/gmd/articles/18344）

＊3
向《生まれた時からアルデンテ（暫譯：我的美味記事）》（平野紗季子著、平凡社）致敬。

＊4　甜點 & 熟食 Bonna/Bonna 新宿中村屋
東京都新宿区新宿 3-26-13
新宿中村屋ビル B1F
03-5362-7507
10：00 ～ 20：30　全年無休
www.nakamuraya.co.jp
1901 年創業於本鄉東大前的老店。1909 年搬到目前的新宿車站東口。

＊5　帽子麵包
將流動的長崎蛋糕麵糊淋在球型的甜麵包麵團上烘烤，做出像 UFO 造型的麵包。源自高知縣的永野旭堂總店。在高知的麵包店內能見度比哈蜜瓜麵包還高。

從柏餅到手套

Y 奶油麵包一開始就是做成手套形狀嗎？

I 聽說中村屋當時販售的奶油麵包是做成柏餅狀喔。

Y 咦，柏餅是半月狀吧？沒有切口啊？

I 據說是後來才劃上切口的。說法之一是烘烤時會產生蒸氣形成氣孔，為了排氣才劃出切口做成手套狀。

Y 好有趣喔。可以理解剛開始是用柏餅烤模做。結果變成手套狀的時髦造型，也很可愛呢。

I 現在奶油麵包還進化成方塊狀或今川燒的形狀。有些老師傅也感嘆那是職人文化荒廢所造成的。

法國也有用卡士達醬做成的麵包嗎？

I 那麼，為何法文將卡士達醬叫做「甜點師（pâtissière）」呢？

Y 卡士達醬在法文中稱作「甜點師奶醬（crème pâtissière）」，簡稱「甜點師（pâtissière）」。約誕生於16世紀，聽說是甜點師傅巧手改良而成的。因為有「甜點師傅的奶油」之意，是甜點店的基礎奶油醬。或許是這樣吧，這款奶油醬給我的印象是搭配甜點比麵包更對味。

I 比方說會用在那些甜點上呢？

Y 所有的法式經典甜點吧，像閃電泡芙、**修女泡芙***6、法式千層酥、**聖多諾黑泡芙塔***7、**希布斯特塔***8、**焦糖布丁塔***9、**波蘭圓舞曲***10等。有些店家也會用來做**薩瓦蘭蛋糕***11。不過，每種甜點的卡士達醬都不像日本的那麼明顯。要吃了後才會覺得「啊，這也加了卡士達醬」呢。

I 法國有類似奶油麵包的食物嗎？

Y 有擠上卡士達醬的麵包或是捲包起來的麵包捲。

I 葡萄乾麵包捲（Pain aux raisins）有加卡士達醬吧。葡萄乾麵包捲超讚。吃到好吃的麵包捲時就覺得是世界上最棒的食物。

Y 沒有哪種麵包完成後的品質像葡萄乾麵包捲般有好壞之差吧。不過，剛開始在巴黎生活時，才知道原意是「放了葡萄乾的麵包」，和日本的葡萄乾麵包完全不一樣，讓我嚇了一跳……。

I 日本的葡萄乾麵包捲，**Katane Bakery**＊12（第32頁照片）是做成布里歐許麵包體，**C'est une bonne idée**＊13（第32頁照片）的則是丹麥麵包體，兩種我都很喜歡。葡萄乾麵包捲的卡士達醬給人「咦，有放嗎？」的美好感覺。既有黏著劑效果，口感也濕潤。
　除了葡萄乾麵包捲外，法國還有哪些麵包是加了卡士達醬？

Y 放了兩個像荷包蛋的杏桃及卡士達醬的麵包**「Orane」**＊14（第33頁照片）、包了卡士達醬和巧克力豆的布利歐許麵包**「Suisse」**＊15（第33頁照片）等……。

I Orane做的好可愛啊。好像外星人的臉。

＊6　修女泡芙（Religieuse）
Religieuse是「修女」的意思。將大小不一的奶油泡芙堆疊成修女造型的經典甜點。基本款是巧克力和咖啡口味。

＊7　聖多諾黑泡芙塔（Saint-Honoré）
以麵包師傅、甜點師傅的守護神Saint-Honoré（聖多諾黑）來命名的經典甜點。將淋上焦糖的小泡芙黏在塔皮上，中間擠上2層奶油裝飾。

＊8　希布斯特塔（Chiboust）
結合塔皮和希布斯特奶油（加了吉利丁的卡士達奶油醬＋義大利蛋白霜）的經典甜點。通常會烤焦奶油表面，塔皮裡放入煮過的蘋果。

＊9　焦糖布丁塔（Puits d'amour）
Puits d'amour的意思是愛之泉。在塔皮或泡芙皮做成的底座中間，填滿卡士達醬並烤焦表面的經典甜點。

＊10　波蘭圓舞曲（Polonaise）
用布里歐許麵包體夾住加了葡萄乾或糖漬水果的卡士達醬，周圍塗滿義大利蛋白霜再輕烤上色的經典甜點。

＊11　薩瓦蘭蛋糕（Savarin）
製作靈感源自蘭姆巴巴（baba，浸泡在糖漿中的發酵甜點），以美食家布里亞薩瓦蘭（Brillat-Savarin）來命名的圓圈狀經典甜點。中空處填入奶油。

＊12　Katane Bakery
東京都渋谷区西原1-7-5
03-3466-9834
7：00～18：30
（咖啡館7：30～18：00　LO）
週一、第1、3、5週的週日公休
選用國產麵粉等優質材料製作平時吃的麵包，屬於日式麵包坊。

Y　摺起四方形的兩個頂點做成的吧。原來好像是阿爾及利亞的維也納甜麵包（第87頁），聽說是**黑腳人**[16]（Pied-Noir）帶到法國的。後來，還有放了里昂一帶常吃的檸檬奶油，名為「**檸檬比熊 Bichon au citron**」（第33頁照片）的維也納甜麵包。最近巴黎也看得到蘋果香頌派（第126頁）的同伴，裡面放了用檸檬汁代替牛奶做成的檸檬奶油。

單純的奶油麵包是大和精神？

I　**Aux Bacchanales**[17]從以前就有賣只擠上卡士達醬的卡士達丹麥麵包。那時候最夯的是新鮮的水果丹麥麵包，我反而記得卡士達丹麥麵包的樸實美味。法國有只放卡士達醬的丹麥麵包嗎？

Y　那倒沒有。不過有布里歐許麵包體加卡士達醬，名為**托佩圓蛋糕**[18]的甜點……。

I　專賣丹麥當地麵包的 **Jensen**[19]，有各種加了卡士達醬的丹麥麵包，不過大多會搭配其他食材。像是頂端擠上巧克力奶油的**巧克力圓麵包**（Chokolade Boller）（第32頁照片）、淋了糖霜的**奶油蛋糕**（Smorkager）（第112頁照片）等。單是奶油+麵包的純粹奶油麵包只有日本才看得到，在國外奶油算是麵包的內餡，無法擔任主角一職吧？

Y　那或許是喜歡單純事物的日本人和愛好裝飾品的西洋人，嗜好上的差異吧。

不是煮卡士達醬（Custard）而是卡士達奶油餡（Custer）

Y　麵包店和甜點店做的卡士達醬都一樣嗎？我覺得麵包店煮出來的比較紮實。

I　甜點店的卡士達醬感覺上偏濃郁耶。確實，為了方便填入麵包內，麵包店會做得比較硬實。對食用者而言也有人認為紮實有彈性的比較好吃。

Y 在日本甜點店的說法是「煮卡士達奶油餡」喔。材料選用麵粉的話，黏性較弱，所以還會加玉米澱粉等。

I 麵包店也是說卡士達奶油餡耶。印象中師傅們都是滿頭大汗以驚人的氣勢攪動著熱騰騰的鍋子。那股體力、精神過人的氣勢可是麵包師傅的看家本領。

Y 對對，我也這麼覺得。就像甜點店也一樣，沒煮卡士達奶油餡的傢伙就不要開甜點店！

自己在家動手做愛吃的奶油麵包

Y 雖說是老王賣瓜，但我喜歡吃自家配方做的卡士達醬。

I 請一定要告訴我那個配方！

Y 我覺得就算都是奶油，能單獨做成甜點的只有卡士達醬。也就是說，就算只端出卡士達醬當甜點，也完全吃得下。

＊13　C'est une bonne idée
神奈川県川崎市多摩区登戶 1889
今野ビル 1F
044-931-6910
7：30～19：00　週二公休
cestune-bonneidee.com
365 日的杉窪章匡先生經營的店。主要商品是法棍等硬麵包，鹹派的作法和巴黎名店 Gérard・Mulot 一樣。

＊14　Orane
這個詞的意思是阿爾及利亞的城市「Oran」。關於來源，說法之一是以前有很多法國人搬到阿爾及利亞居住，便有人想到以法國的卡士達醬搭配當時阿爾及利亞境內大量種植的杏桃做成維也納甜麵包。又喚作杏桃可頌，法式杏桃麵包（apricotine）等各種名稱。

＊15　Suisse
雖然意思是「瑞士貨」，卻不確定是否來自瑞士。別名比 Orane 還多，有 Suisse 派、Suisse 布里歐許麵包、巧克力可頌（chocolatine）、糖果麵包（drop）等。

＊16　黑腳人（Pied-Noir）
1962 年隨著阿爾及利亞戰爭的結束，從地中海岸非洲各國來到法國本土的歐洲移入人口。

＊17　Aux Bacchanales
東京都港区赤坂 1-12-32
アーク森ビル 2F
03-3582-2225
8：00～19：30
（週六、日、假日 10：00～）
全年無休
www.auxbacchanales.com
這裡聚集了不少法國人，洋溢巴黎氛圍。以赤坂店為首，東京都內還有 8 家分店。

＊18　托佩圓蛋糕（Tarte Tropézienne）
發酵甜點的一種，在烤成圓形的布里歐許麵包體中夾入以卡士達奶油為基底的鮮奶油。創始店是位於南法聖托佩（Saint-Tropez）的老店「La Tarte Tropézienne」，作法目前仍是商業機密。

Jensen
巧克力圓麵包
第 30 頁

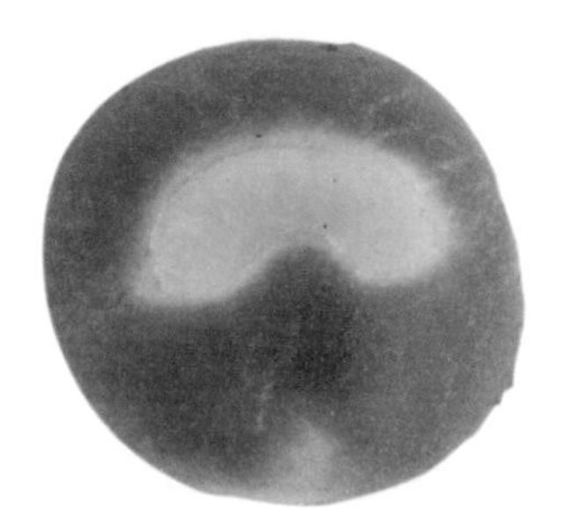

PAIN STAGE prologue
蘋果卡士達麵包
第 34 頁

Chant d'Oiseau
鮮奶油可頌
第 34 頁

Katane Bakery
葡萄乾麵包捲
第 29 頁

C'est une bonne idée
葡萄乾麵包捲
第 29 頁

PUISSANCE
卡士達奶油麵包
第 38 頁

Backstube ZOPF
芒果布里歐許
第 34 頁

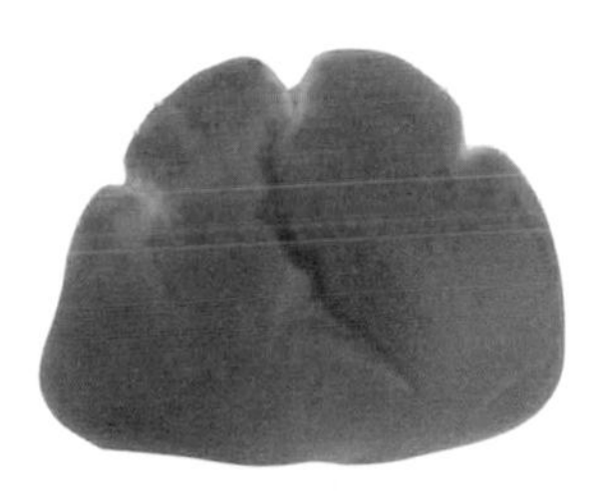

komorebi
奶油麵包
第 38 頁

nukumuku
奶油麵包
第 38 頁

用卡士達醬做的法式麵包

檸檬比熊
第 30 頁

Suisse
第 29 頁

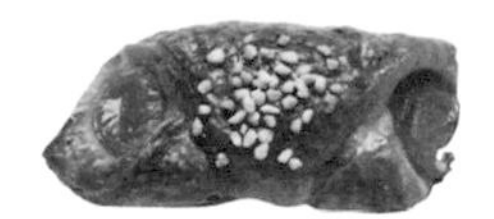

Orane
第 29 頁

池田先生的話，怎麼吃自己做的卡士達醬和麵包？這邊沒有直接用湯匙送入口中的選項喔（笑）。像我會先把奶油塗在吐司上，再放上巧克力片烘烤。接著放上大量的冰卡士達醬。

I　巧克力配卡士達醬不錯耶。蘋果和卡士達醬也很對味。**PAIN STAGE prologue** *20店內有名為**蘋果卡士達麵包**（第32頁照片）的招牌商品。在奶油麵包中塞入整顆糖煮蘋果。

Y　好奢侈的麵包啊。聽起來就很美味！另外，我也很喜歡香蕉和卡士達醬的組合！

您覺得奶油麵包適合用什麼麵包體來做？

I　布里歐許和可頌都可以喔。鮮奶油可頌超好吃。

Y　我沒吃過。因為法國當地沒有，這是日本研發出來的法式麵包吧。

I　有家名叫**Chant d'Oiseau** *21的甜點店，客人點餐後才切開可頌擠入鮮奶油（第32頁照片）。甜點店的卡士達奶油非常美味，這家店連可頌都超好吃。如果是百合子女士，會要求裡面放入水果吧。

Y　是啊，我要加水果！檸檬汁也行。我喜歡帶酸味的新鮮口感。若是加檸檬汁，重點是不要淋到可頌上，只加在鮮奶油即可。好期待可頌和果汁在口中融為一體！

I　果汁和卡士達醬交融的瞬間是最好吃的啊。**Backstube ZOPF** *22的布里歐許麵包是加了水果和奶油的**芒果布里歐許**（第33頁照片）和葡萄柚布里歐許。軟彈的布里歐許麵包體柔軟彈牙、卡士達醬濃郁滑順。咬到水果時流出的酸甜果汁讓口中充滿新鮮果香味。真是令人著迷的口感。

▼實驗1—**卡士達奶油醬食譜＋美味食用妙招**　↓第36頁

奶油麵包的回憶宛如走馬燈

Y 接著是基本問題，經典奶油麵包的麵包體是布里歐許麵包嗎？

I 是甜麵包麵團。雖然麵團中加了雞蛋或乳製品，卻沒有布里歐許那麼濃郁。

Y 和紅豆麵包、果醬麵包等的麵團一樣嗎？

I 我想有很多店都用相同麵團來做。不過，有些店的賣點是奶油麵包用布里歐許麵包體來做、紅豆麵包則用酒種麵包體。

Y 那麼有使用甜麵包麵團做出美味奶油麵包的店嗎？

I 尼崎的 back haus IRIE＊23。這家店一天可以賣3000個奶油麵包。麵包箱就堆疊在收銀機旁，所有顧客喊著「我要3個」、「我要5個」地購買。我去的時候，剛好有幾次遇到奶油麵包出爐，架上堆滿麵包。一眼望去盡是金黃色的奶油。感覺上麵包的味道就像照到金光，閃耀著白色光輝。當然大前提是入口即化的超棒口感。

Y 我好像也去買過很多個。

＊19 Jensen
東京都渋谷区元代々木町 4-3
03-3465-7843
6：50～19：00
（週六～16：00）
週日、假日公休
老闆是丹麥哥本哈根麵包・甜點主廚協會的會員，做得一手道地的丹麥麵包。也是丹麥大使館會議點心的供應商。

＊20 PAIN STAGE prologue
神奈川県横浜市青葉区美しが丘西 1-3-10
045-902-7879
6：00～20：00　全年無休
prologue.opal.ne.jp
用住在青森的奶奶送來的蘋果為材料，率先做出蘋果卡士達醬。

＊21 Chant d'Oiseau
埼玉県川口市幸町 1-1-26
048-255-2997
10：00～20：00　週二公休
www.chant-doiseau.com
主廚出身自浦和名店 Acacier。這家甜點店最讓人高興的是除了點心外還有可頌或吐司，品項相當齊全。

＊22 Backstube ZOPF
千葉県松戸市小金原 2-14-3 1F
047-343-3003
6：30～18：00　全年無休
zopf.jp
店前經常大排長龍的人氣名店。不光是奶油麵包，任何一種麵包都是餡料飽滿，味道香醇豐厚，頗受饕客歡迎。

＊23 back haus IRIE
兵庫県尼崎市東園田町 3-27-2
06-6494-6353
7：00～20：00
第 1、3、5 週的週三公休
店內使用嚴選素材。吐司和奶油麵包並列知名商品。

＊24 nukumuku
東京都世田谷区太子堂 5-29-3
03-6805-5411
8：00～19：00
週一、第 1、3、5 週的週二公休
用高品質材料做出種類豐富的麵包。直接向農家採購小麥等食材，所有配料皆自製。

卡士達奶油醬食譜＋美味食用妙招

卡士達奶油醬

材料／容易製作的分量

蛋黃——2個份
砂糖——55g
低筋麵粉——10g
玉米澱粉——15g
牛奶——300ml
香草莢——⅓根

作法

1 把蛋黃放入調理盆中，依次加入半量砂糖、低筋麵粉、玉米澱粉，每次都要用打蛋器充分攪拌。

2 剖開香草莢刮出香草籽，取一小鍋，放入牛奶、剩餘的砂糖、香草籽和香草莢，開小火加熱。

3 煮到快沸騰時離火，一邊分量少次地倒入1的調理盆中一邊用打蛋器充分攪拌。全部加完後，倒回鍋中，再度開小火加熱。

4 用木鏟在鍋底像寫8字般不停地攪拌至濃稠狀態。須注意當表面細泡消失後很快就會變得濃稠。

5 煮成濃稠狀後，倒入方盤中，立刻在奶油醬表面包上保鮮膜。放涼後送入冰箱冷藏。

6 使用前再倒入調理盆中，撈除香草莢，用打蛋器攪拌至滑順狀態。

（Y）

吐司
焦糖醬

取 1 顆焦糖放在 15cm 見方的烘焙紙上，放入 500W 的微波爐中加熱 30 ～ 40 秒融化。取 1/5 攪拌滑順的卡士達奶油醬抹在烤過的吐司上。放上變硬的焦糖醬。

吐司
香蕉 + 肉桂粉

取 1/5 攪拌滑順的卡士達奶油醬抹在烤過的吐司上。將 1/2 條香蕉切成偏厚的滾刀塊，放到吐司上再撒上肉桂粉。

布里歐許
蘭姆酒糖漿 + 葡萄乾

取一小鍋，放入 100ml 的水、15 ～ 20g 的砂糖、5g 的葡萄乾，開中火煮 2 分鐘。撈出葡萄乾，加入 1 ～ 2 大匙的蘭姆酒做成蘭姆酒糖漿。布里歐許切成 1.5 ～ 2cm 厚浸泡在蘭姆酒糖漿中 5 分鐘，使其入味。當布里歐許變軟後塗上 1/5 攪拌滑順的卡士達奶油醬再放上葡萄乾。

可頌
檸檬汁 + 檸檬皮屑

取 1/5 攪拌滑順的卡士達奶油醬加入 1 小匙的檸檬汁，充分攪拌。可頌切開稍微烤過。抹入卡士達奶油醬當夾餡，在奶油中間撒上適量的檸檬皮屑。

I　東京世田谷nukumuku*24的**奶油麵包**（第33頁照片）。那鬆軟的麵包體，無論是咬勁也好、軟化時的口感也好，都和奶油搭配得天衣無縫，我覺得這是身為奶油麵包最大的幸福。橫濱PUISSANCE*25甜點店的**卡士達奶油麵包**（第33頁照片）。我認為是道地的法國奶油麵包。芥末黃的卡士達奶油醬一看就很濃醇，配上稍微烤上色的布里歐許。是我目前吃過最香濃的奶油麵包。

Y　奶油麵包的種類真的很多呢。我想吃美味的奶油麵包。名為「奶油麵包」的溫暖共鳴和迷人外型，從以前起就深得我心，所以連舌頭也想被擄獲（笑）。

奶油麵包就是卡士達奶油球

I　說到奶油麵包「就是卡士達奶油球」。

Y　怎麼說？

I　麵包體的部分最好入口即化，不要影響到卡士達醬。就某種意義而言，或許可說類似格子鬆餅。前述的中村屋也是在開始製作奶油麵包時，同時製作格子鬆餅。

Y　有那種麵包體的奶油麵包？

I　komorebi*26商店的**奶油麵包**（第33頁照片）就給人這種感覺。美味的奶油麵包是麵包和奶油交織成的。香氣十足的麵包體、濃醇的奶油和雞蛋，與奶油完美結合。然後，先感受到美味的奶油，麵包隨後趕上，來到奶油世界。

Y　就像雖然都是不同的素材，往來間卻暢行無阻的感覺吧。

I　一旦奶油爆漿結束，就由麵包做收尾善後。百合子女士您說「不會直接吃卡士達醬」，不過奶油麵包中最好有只吃卡士達醬的部分。奶油麵包的麵包體給人的感覺就是「不影響卡士達醬，不過有比較好」。

這就是奶油麵包即為卡士達奶油球的意思。

Y 原來如此，是顯而易懂的奶油麵包理想型態。和「咦，有放嗎？」的葡萄乾麵包捲相反呢。

I 這麼一說確實相反。就像水氣球中不放水改裝卡士達醬投擲般的爆漿。

Y 以前，曾有在水氣球中放入冰淇淋的「雞蛋冰淇淋」吧。腦海中浮出它的身影。水氣球的部分可以說是麵包體吧？理想的奶油麵包，就是美味的奶油和默默包住奶油的麵包體。

I 麵包很適合擺在那個位置。

適合配奶油麵包的飲品是？

Y 紅豆麵包適合配牛奶，那奶油麵包呢？

I 紅茶？像是懷舊系列的立頓紅茶等。

Y 奶油麵包和紅茶，高雅的組合不錯耶。

I 要不要做個實驗看看和那些紅茶速配？

Y 好耶，來找適合搭配奶油麵包的紅茶吧。

▼**實驗2－奶油麵包和紅茶的配對組合。選用茶包** ↓第40頁

＊25 PUISSANCE
神奈川県横浜市青葉区みたけ台31-29
045-971-3770
10：00～18：00
週四、第3週週三、不固定日公休
www.puissance.jp/
以色彩豐富的甜點為首，商品種類多樣，充滿特色。

＊26 komorebi
東京都杉並区永福 3-56-29
03-6379-1351
9：00～19：00
週一、四不定期公休
夏天走訪北海道的小麥田等，隨時對產地抱持敬意，以重視食材的心情製作麵包。

奶油麵包和紅茶的配對組合。選用茶包

我覺得適合配奶油麵包的，既不是紅茶也不是茶，應該是「高級紅茶」吧。不是烏瓦（Uva）紅茶般的特殊茶品，而是喝慣的傳統茶。這裡，僅收集茶包做配對實驗。

×立頓　黃牌精選紅茶

非常熟悉的味道。心中想著「啊，就是這個」，也是所謂的「就是這個沒錯」。令人懷念，曾在何時何地喝過的味道。

×唐寧　仕女伯爵茶

柑橘類果皮及增添華麗風味的佛手柑香氣與奶油相當對味，彷彿正在品嘗柳橙丹麥麵包。綜合柑橘果皮的酸味能降低奶油甜味。檸檬茶也有類似的功用。

×唐寧　英倫早餐茶

豐富的阿薩姆香氣撲鼻而來。藉著奶油麵包的尾韻風味和時機，兩者交織出奶茶滋味。

×唐寧　黃金阿薩姆紅茶

沖泡濃郁調成奶茶飲用。添加牛奶調和奶油的甜味和紅茶，呈現懷舊氣息。是絕不出錯的組合。

×LUPICA　春摘大吉嶺

清新的嫩草味洗滌奶油甜味，最後化為大吉嶺的芳香氣息。平凡卻美味。我覺得若有微酸的果實香氣會更棒。像是放了葡萄乾的奶油麵包，聽起來就不賴。

×Clipper　有機覆盆子葉茶

就算是卡士達醬也駕馭不了覆盆子的濃烈香氣和薔薇果酸味，真可惜。其實風味屬性相容，主要

是濃度的問題。不要吃了奶油麵包再喝茶，先喝茶再吃奶油麵包便恰到好處。

×熊本縣產　天之紅茶

在日本生產的日式紅茶。類似焙茶的香氣中摻雜近似大吉嶺的青草味。搭配奶油麵包，眼前呈現下午3點坐在緣廊享用點心的畫面。感覺像在吃饅頭。這該不會是為了搭配奶油麵包或紅豆麵包等日本特有麵包而孕育的紅茶吧。

我想到奶油麵包搭配茶湯濃度的適口性應該和茶葉種類同樣重要。沖得淡則茶味不足，泡出苦味則影響整體風味。要考慮得如此周延，就算用茶包也是門高深的學問。（I）

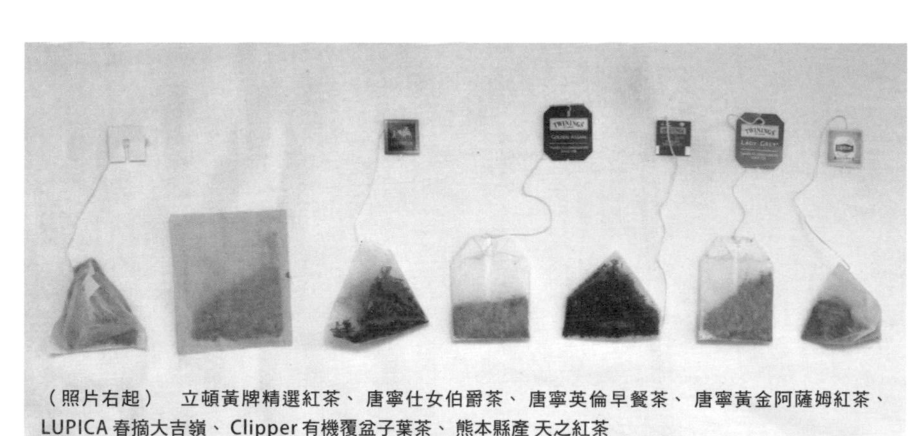
（照片右起）　立頓黃牌精選紅茶、唐寧仕女伯爵茶、唐寧英倫早餐茶、唐寧黃金阿薩姆紅茶、LUPICA 春摘大吉嶺、Clipper 有機覆盆子葉茶、熊本縣產 天之紅茶

浦和麵包坊
埼玉県さいたま市浦和区仲町4-2-14掛川ビル1F　048-838-3767
8：00～18：00　週日、第1、3週的週一公休
urawabakery.blog.fc2.com/
店內沒有特殊麵包，提供高品質的日常食用基本麵包。奶油麵包的麵包體鬆軟細緻、洋溢濃郁食材香氣，自製的卡士達醬味道純樸口感滑順。

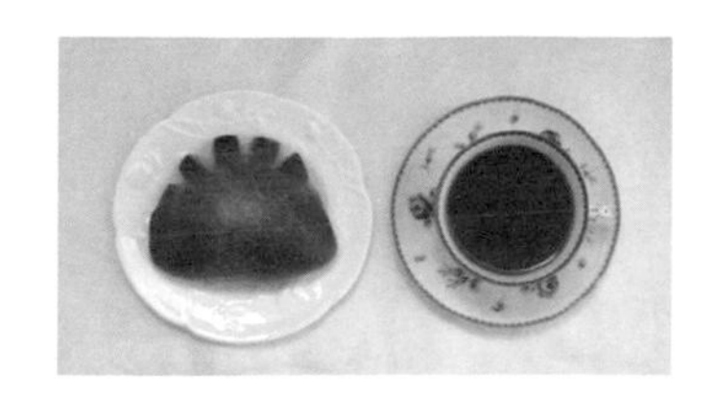

Column
1

奶油夾心軟法　以乾麵包凸顯濕潤感

描述麵包口感時，經常聽到「濕潤軟彈非常好吃」的字眼。那麼，既不濕潤也不軟彈的麵包就不好吃嗎？麵包中也有和眾人期待「濕潤軟彈」背道而馳的麵包。那就是奶油夾心軟法。自己孤獨前行，名為軟法的麵包體，單獨品嘗絕對不受歡迎。一味地為鮮乳奶油（milk cream）作嫁，持續不顯眼的平凡工作。

Bluff Bakery（橫濱）的「牛奶棒」[1]。這款麵包質地乾燥。充滿十勝春輝（はるきらり）麵粉香氣的乾麵包，吸飽了奶味無比濃郁且香甜滑潤的煉乳奶油。乾硬又濕潤。兩者多吃幾口一定會上癮。彷彿相愛的戀人。

正因為質地乾燥才凸顯出濕潤感。乾巴巴召喚起鮮乳奶油的濕潤感。奶油夾心軟法要告訴我們的正是若想追求什麼，就必須反其道而行的教條。

是偶然，抑或是當地風俗習慣孕育出奶油夾心軟法的呢？大受麵包愛好者歡迎的奶油夾心軟法也位於橫濱市，那就是**德多朗烘焙坊（多摩廣場車站）的鮮乳奶油夾心軟法**[2]。

我在兩年前的記事本上寫下「居然有這麼溫和滑順的鮮乳奶油？」。奶油質地、牛奶純度、甜味。分別強調出鮮乳奶油的製作三要素，同時又彼此制衡。形成三足鼎立的絕佳平衡感。口腔不停地分泌出唾液。正覺得受不了時，充滿香氣的脆硬口感襲來。帶有懷舊香味的軟法麵包體解救了湧出的唾液，而且麵包本身的鹹味讓甜味更明顯，帶領味覺前往更愉悅的境界。

師父太偉大是件苦惱的事。必須想方設法地擺脫師父的影子，才能超越他吧。我從出身自德多朗的Siesta烘焙坊（橫濱）的「草莓奶油夾心軟法」[3]上，感受到那些反覆驗證的痕跡。

和軟法背道而馳。由鬆軟、彈性佳、濕潤度取代脆硬感。麵包質地走往兼具高潤澤感的方向。那麼，奶油要如何呈現出這種潤澤感？這是全新的嘗試。導入優格清爽的酸甜味。利用酸味的力量活化唾液分泌，達到優於普通鮮乳奶油的潤澤感。

珍惜素材是代代相傳的精神。自製奶油從新鮮的草莓做起。清新的果香氣息擴散開來，令人有吃到草莓般的錯覺。因為濕潤而顯得輕盈的奶油同時帶出小麥香氣。濕潤感促成了草莓、牛奶和小麥的親密邂逅。（一）

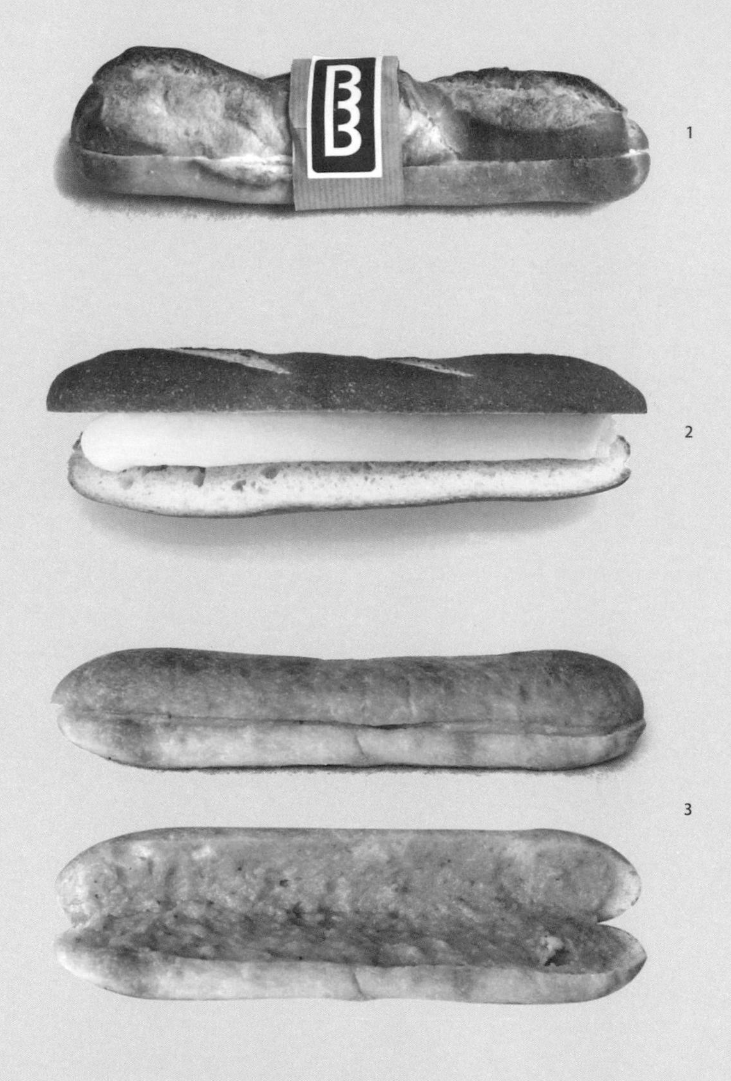

Bluff BakerY　參閱第 135 頁
德多朗烘焙坊　參閱第 23 頁
Siesta 烘焙坊　參閱第 23 頁

哈密瓜麵包

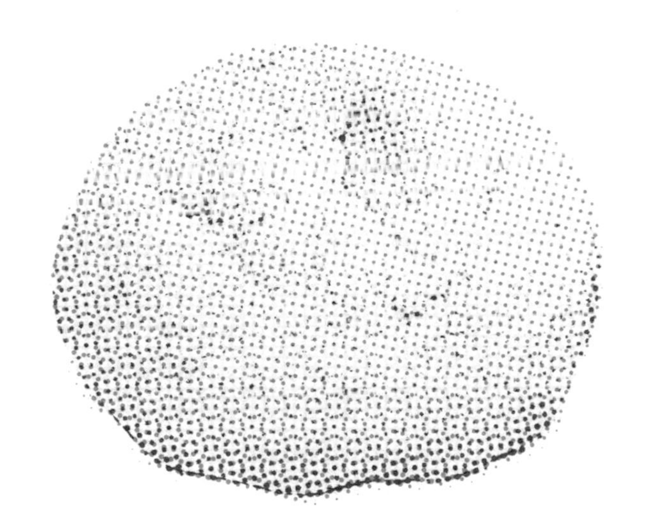

哈蜜瓜麵包是誰做的？

Y　說到哈蜜瓜麵包，有的表皮濕潤、有的酥脆，或是烤色清淡偏白、有的則充分烤成金黃色，依店家而異。現在哈蜜瓜麵包還很受歡迎嗎？

I　日本曾經掀起一股哈蜜瓜麵包熱潮。大約10年前，以移動攤車為主體的哈蜜瓜麵包專賣店相當盛行。在郊外購物中心的停車場經常看到排隊購買的人潮呢。

Y　哈蜜瓜麵包約是在戰後出現的吧？

I　《哈蜜瓜麵包的真相》（東嶋和子著、講談社）書中記載，在大正時期的東京就看得到了。這本書的內容就是不知道誰發明了哈蜜瓜麵包，所以才進行調查。

Y　聽起來很有趣。

I　哈蜜瓜麵包的原型是德國傳來的**脆皮奶酥蛋糕**[*1]（**Streuselkuchen**）、還是日本的原創發明，至今尚未有定論，結果也沒查出真相。

Y　以前我在監修世界的麵包相關報導時，曾讀過一篇資料，上面寫說墨西哥的**墨西哥包**[*2]（**Concha**）是哈蜜瓜麵包的原型。看到墨西哥包表皮部分的組合時，就覺得質地酥鬆的口感像是介於**奶油酥餅**[*3]（**Shortbread**）和**西班牙小餅**[*4]（**Polvorón**）間。

I　這項論點在《哈蜜瓜麵包的真相》中也有驗證。

Y　Concha 在西班牙文中是「貝殼」的意思。因為表面紋路就像貝殼吧。在日本是用小刀劃出格狀花紋，不過也有劃上墨西哥包花紋的專用刀片喔。

I　我非常喜歡從大自然取材的靈感。

Y　哈蜜瓜麵包也是從造型取名的喔。取名「哈密瓜」讓我們長久以來都被誤導了呢。聽到哈密瓜就覺得好吃啦、可愛等等。雖然不知道細節，卻給人良好印象。

I　確實是這樣呢。

Y 在以前也是高級貨的代替品。像是代替泡芙的奶油麵包、代替哈密瓜的哈蜜瓜麵包等。

I 在西日本部分地區，哈蜜瓜麵包是做成橄欖球狀。

Y 這樣啊，那就不是哈密瓜囉？

I 日本流傳許久，名為真桑瓜（Cucumis melo var. makuwa）的哈密瓜，就是橄欖球狀。有些地區分出圓形的 Sunrise 品種，從九州北部的部分區域擴展到京阪神一帶。例如，ANDERSEN（第118頁）的發源地在廣島，所以全國各地 ANDERSEN 的哈蜜瓜麵包都做成 Sunrise 型的造型販售。

Y 我在福岡出生長大，卻沒有看過橄欖球狀的哈蜜瓜麵包。

I 《哈蜜瓜麵包的真相》中寫著，廣島縣吳市有家創業於昭和11年，名為**哈蜜瓜麵包**＊5的店，創業者最先用兒童餐的模型做出真桑瓜狀的**哈蜜瓜麵包**（第49頁照片）。我曾經吃過，是裡面填入自製奶油忠實呈現出果肉的版本。因為廣島有很多從美國移居回來的日本人，墨西哥的墨西哥包該不會是由他們傳入的吧。另外，這也和哈蜜瓜麵包與 Sunrise 型麵包的混合區是以廣島為中心蔓延開來的原因一致。

＊1　脆皮奶酥蛋糕（Streuselkuchen）
本體以奶油加麵粉、砂糖攪拌製成，頂端再撒上鬆散狀奶酥的德國麵包或蛋糕。

＊2　墨西哥包（Concha）
在類似布里歐許的香濃麵包體上，蓋上餅乾麵團，做出近似哈蜜瓜麵包的墨西哥麵包。再畫出如貝殼般的美麗花紋。

＊3　奶油酥餅（Shortbread）
英國蘇格蘭的傳統點心。「Short」是形容口感酥鬆的意思。

＊4　西班牙小餅（Polvorón）
這款小點心的特色是一放入口中就碎裂散開的口感。是西班牙安達魯西亞地區聖誕節時吃的點心。使用炒過或烤箱烤過的麵粉和豬油製成。

＊5　哈蜜瓜麵包
広島県呉市本通 7-14-1
0823-21-1373
7：00～售完為止　週日公休
kuremelon.com
自昭和11年開業至今的麵包老店。除了哈蜜瓜麵包外，NANA 麵包（巧克力）、前任店長在戰後祈求和平想出的和平麵包（草莓果醬搭配長崎蛋糕）等懷舊麵包，至今仍備受喜愛。

分析歷代的哈蜜瓜麵包

Y 朋友極力推薦用小烤箱烤過的最中餅超好吃，既然這樣，哈蜜瓜麵包應該也是放烤箱稍微烤過後比較好吃吧？

I 哈蜜瓜麵包用小烤箱烤過後超級好吃喔。

Y 果然如此！好像表皮部分越厚越好吃。

I 哈蜜瓜麵包是為烘烤而存在的。

Y 我聽到紳士大主廚的名言了（笑）。

I 哈蜜瓜麵包總是給人好吃的籠統印象。感覺上類似日式傳統餅乾甘食。該說是沒有亮點還是毫無可取之處。

Y 真的是存在感很微妙的麵包呢。不過，和甘食的製作方向不一樣。雖然在口中咀嚼後吞下的感覺非常相似，但甘食是類似丸芳露那種含有日式點心元素的偽西洋甜點。哈蜜瓜麵包是只用西式食材製成的，因此也可說是西洋甜點。

I 麵包和餅乾結為一體，算是某種混合式甜點。這麼說來，在山崎有項暢銷商品，是只賣哈蜜瓜麵包表皮的「烤哈蜜瓜麵包皮」喔。

Y 這對愛吃哈蜜瓜麵包皮的人而言算是好消息呢。我很快就去嘗過了，卻有種古怪的感覺。心中冒出還是想吃點麵包的慾望。

I 口感上難以滿足呢。想同時吃到酥脆表皮及鬆軟麵包。

Y 我覺得哈蜜瓜麵包不要做成甜麵包質地，在布里歐許麵包體上覆蓋超厚的餅乾麵皮就很棒了，您覺得呢？

I 以年輕主廚或法式烘焙坊為目標的店家，偏向使用布里歐許麵包體（後述的 soil 等）。

Y 有這樣的店啊。好想吃看看。還有巧克力豆哈蜜瓜麵包。在毫無亮點的食物中，巧克力的存在相當重

soil by HOUTOU BAKERY
哈蜜瓜麵包
第50頁

哈蜜瓜麵包
哈蜜瓜麵包
第47頁

KANEL BREAD
哈蜜瓜麵包
第50頁

新宿高野
奶油哈蜜瓜麵包
第50頁

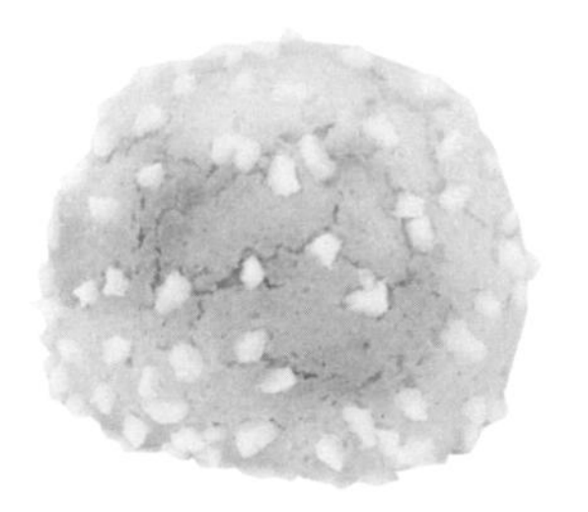

Gontran Cherrier
Pan Melon
第50頁

peu frequente
哈蜜瓜麵包
第50頁

要呢。

I　有種彌補缺陷的的感覺。還加了點濕潤感。

Y　而且，餅乾麵皮也是可可風味。也有夾了鮮奶油的麵包吧？聽說一口氣增加了好幾種新口味。

I　鮮奶油是增加水分的新嘗試呢。也有裡面放了奶油的品項。**新宿高野**＊6的**奶油哈蜜瓜麵包**（第49頁照片），裡面放了哈密瓜奶油。麵團中也揉進了哈密瓜汁，是貨真價實的哈密瓜麵包。

Y　我還記得1990年代後半期，出現排隊購買新宿高野哈蜜瓜麵包熱潮的事。

I　**peu frequente**＊7的**哈蜜瓜麵包**（第49頁照片），裡面放了卡士達奶油，帶來潤澤口感。添加檸檬皮彌補哈蜜瓜麵包欠缺的層次感和酸味，就整體性而言相當完美。

Y　還有在餅乾麵皮中加入香草籽等。也有橘色的哈蜜瓜麵包，就像夕張哈密瓜。

I　橫須賀**soil**＊8的**哈蜜瓜麵包**（第49頁照片）由加了香草籽的餅乾麵皮和布里歐許麵包體組合而成。風味飽滿的餅乾皮和布里歐許麵包體，擁有香濃食材間的相乘效果。保有濕潤感的布里歐許也很厲害。那須的**KANEL BREAD**＊9店內，有用斯佩耳特小麥粉（spelt）做成餅乾麵皮的**哈蜜瓜麵包**（第49頁照片）。麥香風味濃郁的烤餅乾放在麵包上，令人印象深刻。非常好吃。

Y　每一種聽起來都很美味！

I　在來自法國的麵包店**Gontran Cherrier**＊10，以**「Pan Melon」**（第49頁照片）之名販售哈蜜瓜麵包。

Y　裡面是可頌麵團，表面再撒上珍珠糖。簡直就像歸化法國籍的哈蜜瓜麵包。

I　據說是Cherrier先生自日本的哈蜜瓜麵包中得到靈感，在日本開發出的新商品。將這款麵包賣到巴黎去，就是希望法國人能接受哈蜜瓜麵包。

Y Cherrier 先生真的很喜歡日本，對日本食材充滿興趣並且積極採用呢。

另外，在金澤好像有包了霜淇淋的冰淇淋哈蜜瓜麵包，也頗受歡迎呢。在義大利有用布里歐許包住義式冰淇淋，名為 Brioche con Gelato 的食物……。

I 如果用哈蜜瓜麵包夾了義式冰淇淋，那不是美味無法擋！

Y 真棒！我覺得入口即化的義式冰淇淋比霜淇淋更對味。

▼實驗─哈蜜瓜麵包和義式冰淇淋超對味？和 SINCERITA 的中景洋輔先生合作　→第52頁

日本是麵包的加拉巴哥群島

Y 您怎麼吃哈蜜瓜麵包呢？

I 大口大口地吃。因為餅皮和麵包體的均衡配置相當重要。我不管什麼都一口氣吃下去。和野獸一樣。

Y 真豪邁啊。我是先切成十字狀，從尖端開始吃掉四分之一塊。最後是很多餅乾麵皮，四次都吃得很開心。

I 百合子女士果然很喜歡吃餅乾麵皮呀。

Y 哈蜜瓜麵包中，麵皮是特別好吃的部分。

＊6　新宿高野
東京都新宿区新宿 3-26-11 B2F
03-5368-5151
11：00～20：30（週日及假日～20：00）　不定期公休
takano.jp/
1885 年創立的水果老店。販售水果禮盒、蛋糕、麵包、自製食品等。

＊7　peu frequente
愛知県名古屋市瑞穂区豊岡通 1-25
シャンボール近藤 1F
052-858-2577
8：00～19：00
週　、二不定期公休
要等待好幾個月的吐司、各式丹麥麵包、接單後才填入卡士達醬的可頌奶油捲等，是擁有眾多人氣商品的排隊名店。

＊8　soil by HOUTOU BAKERY
神奈川県横須賀市安浦町 2-29-1
046-874-6622
9：00～19：00　週日、假日公休
soil-hb.com
大膽選用橫須賀當地生產的食材。有放滿直接跟農家進貨的新鮮蔬菜麵包、使用猿島生產的海帶芽做成的葉子麵包（Fougasse）等。

＊9　KANEL BREAD
栃木県那須塩原市本町 5-2
0287-74-6825
8：00～18：00　週二公休
www.kanelbread.co
由 20 多歲的主廚製作麵包，相當重視食材的烘焙店。不抱持偏見熟練地運用日本國產麵粉，做出輕盈且具風味的新感覺麵包。

＊10　Gontran Cherrier
東京都渋谷区渋谷 1-14-11
BC サロン 1F
03-6418-9581
7：30～21：00　不定期公休
gontran-cherrier.jp
在法國也上過電視節目的知名麵包師傅 GontraN・Cherrier 經營的店。從香料等食材運用或優雅的麵包造型可以感受到法國人的品味。

實驗

哈蜜瓜麵包和義式冰淇淋超對味？ 和SINCERITA的中景洋輔先生合作

中井＝N
池田＝I

中井先生說「義式冰淇淋搭任何麵包都對味喔。尤其是布里歐許什麼種類都行」。我也這麼覺得，因此對這個實驗樂觀其成。大膽選用難以搭配的特色口味夾進哈蜜瓜麵包中，和中井先生一起品嘗。哈蜜瓜麵包使用Gontran Cherrier的產品。是可頌麵包體的奶油感及香草風味都很濃郁的類型。

×MEL NOIX（蜂蜜、核桃）

I 蜂蜜超對味！和哈蜜瓜麵包的香草味很合。

N 使用在法國森林採集到的蜂蜜。配上核桃做成森林風味。因為是色深濃醇的蜂蜜，味道上不輸牛奶。

I 所以也不會被香草味蓋掉呢。

×薄荷牛奶

I 這個薄荷充滿天然香氣，真好吃！

N 不過，吃起來不對味。

I 正覺得清新爽朗時，被滋味濃厚的哈蜜瓜麵包壓過去了。

×可可亞

I 這款的巧克力好濃郁！

N 可可味太濃了吃不出哈蜜瓜麵包原本的味道。這款冰淇淋欲強調出可可味，使用種植原種豆的義大利巧克力品牌多莫瑞（DOMORI）。

×李子

I 哇！李子的酸味率先襲來，哈蜜瓜麵包的甜味都變清爽了！

N 水果和哈蜜瓜麵包很對味呢。把李子放進果汁機打成汁做成義式冰淇淋。沒有加牛奶。

I　遇到哈蜜瓜麵包，開始覺得加牛奶也不錯呢。

×熱情芒果

I　好濃的芒果香！

N　對哈蜜瓜麵包而言，就算味道這麼強烈也沒關係。

×開心果

I　這款開心果真的帶有樹木的果實香氣。

N　稍微烤過後再做成義式冰淇淋。

I　好感動。但和哈蜜瓜麵包的速配度又是另外一回事了……。

美味的哈蜜瓜麵包配上好吃的義式冰淇淋。能一起產生共鳴的是水果系列和蜂蜜。也有無法同時感受到兩者優點的組合，那時就會覺得好可惜，心中充滿遺憾。

薄荷牛奶　李子　熱情芒果　MEL NOIX　可可亞　開心果

SINCERITA義式冰淇淋店

東京都杉並区阿佐谷北1-43-7

03-5364-9430

11：00～21：00　全年無休

www.sincerita.jp

中井洋輔先生以義大利街頭的冰淇淋店為設計風格所開設的店。直接跟農家採購水果，呈現當季鮮味與素材本身的風味。

Gontran Cherrier

參閱第51頁

因此，皮多的類型在我心中屬於進化種。雖然我覺得山崎只有麵皮的哈蜜瓜麵包簡直是演化結果，但實際上吃過後，覺得還是要有麵包的鬆軟感。

I　我認可的哈蜜瓜麵包愛好者說過「皮的厚薄相當重要，因為也喜歡鬆軟的麵包，與其改變比例，更希望提高各自的品質」。

Y　原來如此！其實哈蜜瓜麵包的優點是餅乾麵皮的甜度和麵包中間的清淡味搭配得宜。說出「哈蜜瓜麵包就要比例不均」的我，不能說是真正的哈蜜瓜麵包愛好者呢（笑）。

I　以後請修正成這樣（笑）！混合酥脆和鬆軟兩種口感，同時透過麵包輕巧地散發出餅乾麵皮的甜味。我覺得那就是哈蜜瓜麵包迷人之處。我想孕育出這種哈蜜瓜麵包的日本，就是麵包的加拉巴哥群島。

Y　意思是日本即珍貴麵包的寶庫吧？

I　關於日本人飲食的創作欲望是件了不起的事。以前在日本，麵包店也做甜點。我想就是因為麵包麵團和甜點麵團放在同一間廚房內，就陸續做出結合兩者的混合式甜點。在淘汰掉許多麵包的過程中，留下備受日本人支持的哈蜜瓜麵包和幾款麵包。與長崎蛋糕結合的高知帽子麵包（第27頁）便是其中一例。就這層意義而言，我認為日本不同於歐美，是發展出獨特麵包的加拉巴哥群島。

Y　原來如此，是這個意思啊。

I　另外，說到哈蜜瓜麵包的缺點，就是不管怎麼做麵包都偏乾。原因是兩種麵團共存於麵包上造成的困擾。明明一定要做出餅乾脆硬、麵包鬆軟的質地，麵包卻變得像餅乾那麼乾燥。

Y　這種情況確實很容易發生呢。

I　在以前紅豆麵包或哈蜜瓜麵包是麵包店的主力商品時期長大的老師傅們，就能完成餅乾酥脆、麵包鬆軟的工作呢。我認為是他們的技術純熟。前述peu frequente 的哈蜜瓜麵包就是這樣。或是最近在世田谷重新開業的過往名店 naif＊11，感覺上是做硬麵包的店，但他們的哈蜜瓜麵包卻超乎想像地好吃。

▼哈蜜瓜麵包的進化款 ↓第56頁

Y 兩家的哈蜜瓜麵包都是真功夫呢。

I 到目前為止我們談了很多種哈蜜瓜麵包，試著以進化款來呈現。不過，我覺得麵包不是隨著時間推移而進化的物種，而是記下從以前就反覆進行的實驗，或多項失傳的技術。

Y 是呀。我認為這真的很用心。

＊11 la Boulangerie Naif
東京都世田谷区若林 3-33-16
第一愛和ビル 1F
03-6320-9870
10：00～18：00
週二、三公休（時有臨時休息）
ameblo.jp/madame-naif
代官山傳說中的名店在世田谷捲土重來。谷上正幸主廚經歷過 Dominique SAIBRON 等各店歷練，能力大為提升。使用日本國產小麥等食材，並掌握時代的潮流尖端。

哈蜜瓜麵包的進化款

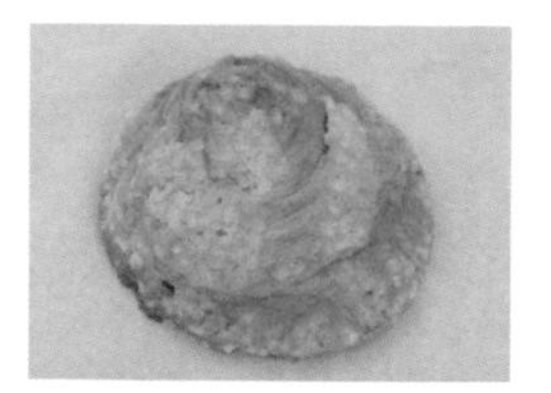

Wucky 麵包工房

21 世紀的哈蜜瓜麵包

可頌和哈蜜瓜麵包的綜合體。

愛媛県松山市山越 4-2-5
089-926-8181
6:30 ～ 19:00 週二公休
www.geocities.jp/wucky_pan/

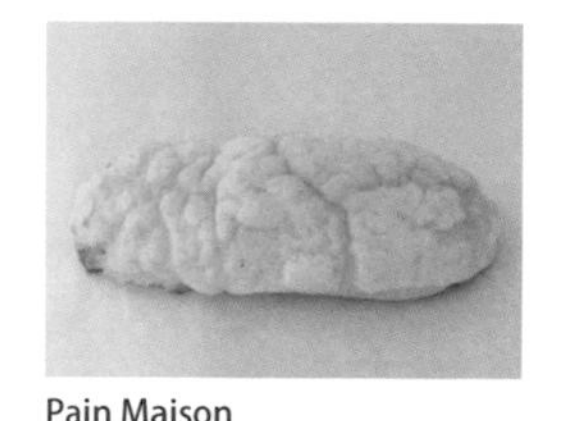

Pain Maison

鹽哈蜜瓜麵包

鹽麵包的創始店，將鹽麵包和哈蜜瓜麵包結為一體。

愛媛県伊予郡松前町
大字中川原字新田 406-1
089-989-6387
6:30 ～ 19:00 週二公休
www.painmaison.jp

風雨無阻

抹茶哈蜜瓜麵包

添加宇治抹茶，帶有苦味。

京都府京都市北区紫野東野町 6
075-432-7352
8:00 ～ 19:00 週二公休
www.ame-kaze.com

boulangerie coron 總店

哈蜜瓜麵包

加了橙皮、檸檬皮。

北海道札幌市中央区
北 2 条東 3-2-4 prod.23 1F
011-221-5566
9:00 ～ 18:30 全年無休
www.coron-pan.com/

Boulangerie14 區

哈蜜瓜麵包

使用發酵奶油揉製麵團，添加香草籽。

神奈川県横浜市港北区菊名 1-4-2
045-642-6858
10:00 ～ 20:00
週四、第二及第四週的週三公休

nico

哈蜜瓜麵包

添加牛奶做成白色餅乾麵皮。

神奈川県平塚市宮松町 7-2
落合ビル 1F
0463-86-6900
8：00 ～ 19：00
週一、二公休

TRASPARENTE

紅茶焦糖哈蜜瓜麵包

哈蜜瓜皮部分是伯爵茶口味，
麵包體是焦糖口味。

東京都目黒区鷹番 3-8-11
ベルドミール・レナ 1F
03-6303-1668
9:00 ～ 19:00 週二公休
trasparente.info/

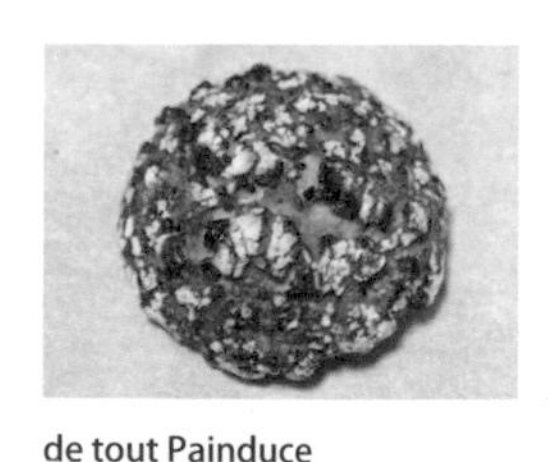

de tout Painduce

五穀米哈蜜瓜麵包

哈蜜瓜皮的五穀米和糖粒香脆有咬勁。

大阪府大阪市北区梅田 3-1-1
エキマルシェ大阪内
06-4797-7770
7:30 ～ 22:00 比照エキマルシェ的公休日
www.painduce.com/

果醬麵包

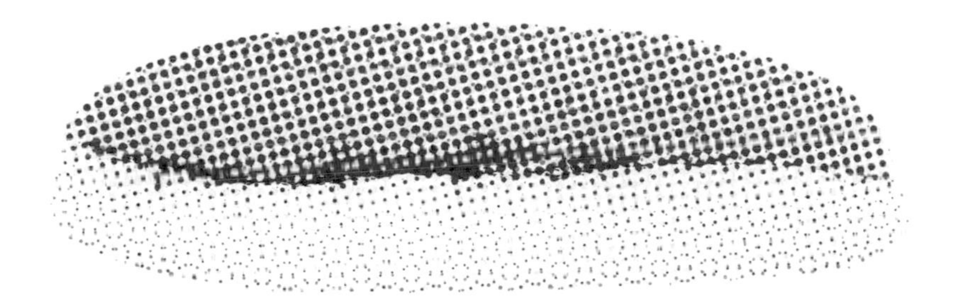

討論理想的果醬麵包

I 說到果醬和麵包的組合，就是果醬麵包吧。您不覺得紅豆麵包、奶油麵包、哈蜜瓜麵包、果醬麵包是日本甜麵包的四大天王嗎？

Y 確實如此。

I 不過，現在的麵包店很少賣果醬麵包呢。和其他三位天王比起來宛如風中殘燭。

Y 就是啊。以前還常常把果醬的Jam念成「Jami」。聽到「Jami pan」就覺得好可愛喔。

I 到了現在，果醬麵包因為太甜了慘遭排擠。咀嚼麵包的時候裡面會流出濃稠的果醬。瞬間覺得冰涼，雖說是因為果醬的溫度低，但吃了太甜的食物產生的罪惡感，也會讓背上涼颼颼的。不過我覺得那樣很好啊。

Y 池田先生愛吃的果醬麵包是？

I 我喜歡**大家的麵包店**＊1賣的**果醬麵包**（第61頁照片）。用**VIRON**＊2的法棍麵包夾上名店自製的草莓醬，超級好吃。那家店也賣名為「大家的牛奶」乳品，乳源來自吃河邊天然牧草長大的牛隻，麵包配這款牛奶一起吃更美味。

Y 果醬麵包和牛奶看起來就很對味。如果是草莓醬口味的話，在口中就會變成草莓牛奶呢（笑）。我覺得果醬麵包裡面一定要有乳製品的存在。日本早期的果醬麵包是用甜麵包麵團製作，但我希望乳香味再濃一點。例如同時塗上奶油等。

I 就像吃抹了果醬，用大量奶油或雞蛋做成的布里歐許般，沒有興奮感。但撕下一小塊抹上超多果醬，閃耀著半透明感時，就會讓人著迷呢。

Y 那確實讓人著迷不已（笑）。

I 在買**Réfectoire**＊3的**布里歐許吐司**（第61頁照片）時，想到明天早餐要塗果醬吃，居然只剩下這些就很忐忑不安。我也十分喜歡在**東京皇宮飯店**＊4的玉米麵包（第168頁）上面塗果醬來吃。粒粒分明卻入口即化的香甜玉米和果醬。這也是令人激動的組合。

Y 池田先生說到果醬麵包的樣子，好像女生喔（笑）。我理想中的果醬麵包，應該是在硬麵包上塗抹分量相同，果香豐富的果醬及濃郁卻風味清爽類似鮮奶油的奶油後再夾起來的麵包。

I 有類似的果醬麵包喔。像是調布的麵包店，**AOSAN**＊5的**果醬夾心麵包**（第61頁照片），在硬麵包上塗抹有機山葡萄果醬和奶油後夾起來。奶油的抹法相當率性，像是沒有抹平還保有顆粒感。不時會咬到奶油顆粒，帶來驚喜美味。

Y 好像很好吃耶。雖是山葡萄果醬卻讓貪吃鬼相當興奮呢。還有其他的嗎？

I 有家店忠實重現名為**Bonnet D'ane**＊6的法國麵包店，那裏的**木梅果醬麵包**（第61頁照片）也很好吃。縱向切開保有小麥穀粒感的法棍麵包，客人點單後才塗上奶油和自製的覆盆子果醬。

Y 好奢侈啊。

＊1 大家的麵包店
東京都千代田区丸の内 2-7-3
東京ビル TOKIA B1F
03-5293-7528
11：00～19：00　不定期公休
重現紅豆麵包、果醬麵包、炒麵麵包等古早味麵包。

＊2 VIRON
東京都千代田区丸の内 2-7-3
東京ビル TOKIA 1F
03-5220-7288
進口法國麵粉，重現在巴黎找到最好吃的法棍麵包。也有澀谷分店。

＊3 Réfectoire
東京都渋谷区神宮前 6-25-10
タケオキクチビル 3F
03-3797-3722
8：30～20：00
（內用 LO 19：00）
全年無休
lepetimec.com
供應 Le Petitmec 三明治的餐廳。提供剛做好時新鮮美味。

＊4 東京皇宮飯店甜點＆熟食區
東京都千代田区丸の内 1-1-1
東京皇宮飯店 B1F
03-3211-5315
10：00～20：00　全年無休
www.palacehoteltokyo.com
1961 年皇宮飯店開幕當時，應美國房客要求開始製作的玉米麵包配方傳承至今。

＊5 AOSAN
東京都調布市仙川町 1-3-5
03-5313-0787
12：00～18：00（售完為止）
週日、一公休
麵包店位於公園前方，店內擠滿帶著孩子的媽媽們。尤其是吐司，從早上起就大排長龍。充分利用發酵種的熟成香氣，與加了麵包酵母的適口性兩種特性來製作麵包。

I　啊，不過對我而言理想中的果醬麵包是能做出昭和花俏口味的果醬。

Y　讓我想起出現在營養午餐中，畫了草莓圖案的小包果醬呢。

I　有家叫**藤乃木**＊7的懷舊麵包店賣的果醬麵包就是這種風格。使用位於惠比壽名為**兩角果醬**＊8工廠的產品。

果醬（Jam）和法式果醬（Comfiture）的差異性

Y　那麼，您知道果醬（Jam）和法式果醬（Comfiture）之間的差別嗎？前者是英文、後者是法文，都是「水果加砂糖熬煮而成」的意思，不過，實際製作的過程卻有些微差異。

I　我以為法式果醬只是果醬的時髦說法！

Y　果醬是為了方便加熱，將水果碾碎過濾後加砂糖一起熬煮。法式果醬是將砂糖撒在水果上靜置片刻。待水果出水呈現湯汁狀態後一口氣熬煮完成。法國的法式果醬作法，感覺上是用砂糖封鎖住水果的風味與香氣。

I　就像塞車叫「traffic jam」，jam 含有「擠壓」的語意呢。另外，法文中的 confire 的意思是「醃漬」。糖漬叫「confire」，法式料理中用油封住肉類等也叫「confire」呢。

Y　是啊。雖然砂糖和油脂、油封手法不同，但因為都是保存期限較長的醃漬品，所以都叫 confiture、confit 或者是 confite。以前，在法國鄉下的庭院中有種果樹，婦人們負責採取果實做成醃漬品。將這些裝瓶放入地下倉庫保存，一年之後才食用。就像日本的醬菜一樣。

I　百合子女士有做過法式果醬嗎？

Bonnet D'ane
木梅果醬麵包
第59頁

Le Petitmec
貝涅餅
第66頁

大家的麵包店
果醬麵包
第58頁

Réfectoire
布里歐許吐司
第58頁

AOSAN
果醬夾心麵包
第59頁

用果醬製作的法式麵包和甜點

麵包片
第66頁

貝涅餅
第66頁

果醬眼鏡餅
第66頁

Y　和住在鄉下的法國老奶奶一起做果醬，是我最寶貴的經驗。無關80歲高齡，而是她的倉庫中有各種果醬。製作法式果醬的專業工具也很齊全，像是倒進大鋁鍋或玻璃瓶的專用漏斗等……。感覺就像是接觸到法國日常生活中習以為常的飲食文化。

I　這麼說的話就讓人想試著用相同水果做果醬和法式果醬呢。我對味道上究竟有何差異相當感興趣。

Y　那我們就來試做吧。

▼ **實驗1—用相同水果做果醬和法式果醬** ↓第64頁

從果醬和法式果醬窺見國情

Y　法國的法式果醬，水果和砂糖的用量基本上相同。不過日本的果醬都會減少砂糖的分量呢。

I　我看過 **AU BON VIEUX TEMPS** ＊9 河田先生的法式果醬食譜，砂糖用量令人難以想像。加了這麼多砂糖不就沒有水果味了，這是外行人的看法。實際試吃後，還是有濃郁果味。因為加了大量砂糖所以提出水果的甜味。

Y　不愧是河田先生啊。充分地了解法國的精髓並實現。我認為一般的日本水果是改良過的生食用品種，所以不適合烹調。生吃覺得香甜多汁，但是一經加熱，果香和甜美的味道會隨著水分一起流失。或許使用日本水果時，相反地要降低甜度，才能保有香氣和果實味。

I　福岡的 **BLUE JAM** ＊10 麵包店，使用九州當地生產的水果，反而以保留水分的作法製作果醬。我吃過甘夏橘子果醬，香氣中帶有淡淡的果實甜味、酸味和苦味，彼此微妙地交錯著。宛如谷崎潤一郎筆下的《陰翳禮讚》世界。

Y 我也吃過。光是吃果醬就能大口大口地吞下，是味道清爽且口感佳的果醬。或許是最理想的日本果醬。

I 在日本，果醬麵包中加的果醬絕對是草莓口味。我覺得草莓果醬是日本最普遍的果醬，那法國呢？

Y 在法國，紅色的就是覆盆子，黃色則是杏桃。可麗餅的果醬餡料就是從這兩種來選。英國的話，紅色是草莓，黃色則是柑橘醬或**檸檬凝乳**＊11吧。薑醬之類也是英國味十足的果醬。在寒冷的北歐，有品種珍貴的莓果果醬，南歐則有木瓜海棠或綠番茄果醬。果醬是歐美共通的罐頭食物，所以保有各國風情，相當有趣。

＊6 Bonnet D'ane
東京都世田谷区三宿 1-28-1
03-6805-5848
8：00～19：00　週一、週二公休
主廚遠赴巴黎到甜點店、麵包坊進修，製作道地法國麵包。

＊7 藤乃木麵包店
東京都練馬区富士見台 2-19-19
03-3998-4084
9：00～20：00
週二、第 1、3 週的週一公休
昭和 40 年代開幕，創業超過 50 年的老店。至今仍堅守傳統作法，具備天然紀念物性質的麵包店。

＊8 兩角果醬
包裝和味道都充滿懷舊味的果醬。產品大多是營業用。

＊9 AU BON VIEUX TEMPS
東京都世田谷区等々力 2-1-3
03-3703-8428
9：00～18：00　週二、三公休
aubonvieuxtemps.jp
法國傳統甜點大師河田勝彥主廚經營的店，商品範圍廣泛有蛋糕、烘焙點心、法式果醬、熟食等。

＊10 BLUE JAM
福岡県福岡市早良区田村 3-1-41
092-861-5888
9：00～19：00　全年無休
www.bluejam-fukuoka.com
365 日的杉窪章匡先生策劃的店。重視產地直銷，如使用南香麵粉、以九州生產的水果自製果醬等。

＊11 檸檬凝乳
使用檸檬製成的酸甜抹醬。有別於一般果醬，特色是除了檸檬和砂糖外，還加了奶油和雞蛋。

用相同水果做果醬和法式果醬

果醬

材料／容易製作的分量

草莓——1盒（約300g）

砂糖——同草莓的淨重量

檸檬汁——1大匙

果醬的優點就是隨時想到都能做。果實壓碎後的濃稠感相當順口，果汁和果肉融為一體。是平常吃慣的口味。

作法

1 草莓切除蒂頭洗淨後，瀝乾水分秤重。

2 取和草莓同重量的砂糖。

3 鍋中放入草莓，用叉子壓碎。

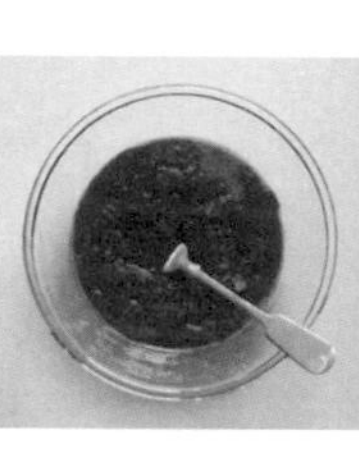

4 在3中加入砂糖和檸檬汁，充分拌勻。

5 鍋子開大火加熱15分鐘，用木鏟不停地攪拌直到砂糖溶解。撈除表面浮渣。

6 砂糖溶解後火力稍微轉小（介於大火和中火間），繼續攪拌15分鐘。

7 鍋子離火，將果醬倒入事先煮沸消毒晾乾的玻璃瓶中蓋上蓋子鎖緊。

＊ 如果喜歡低糖口味，可以減少約30％的砂糖用量。

法式果醬

材料／容易製作的分量

草莓——1盒（約300g）

砂糖——同草莓的淨重量

檸檬汁——1大匙

奶油——5g

法式果醬製作費時，但分別吃得到果實顆粒感與糖漿，對比的口感充滿魅力。糖漿部分可以嘗到濃郁的草莓香氣，整體成品風味優雅宜人。

作法

1 草莓切除蒂頭洗淨後，瀝乾水分秤重。

2 取和草莓同重量的砂糖。

3 鍋中放入草莓、砂糖和檸檬汁，用木鏟把砂糖和檸檬汁撒到草莓上的方式攪拌整體。

4 靜置於常溫環境中一晚，讓草莓出水。

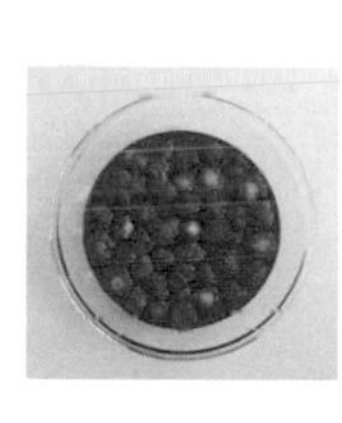

5 以中大火加熱鍋子，用木鏟不停地攪拌。沸騰開始冒出小泡泡後加入奶油，撈除表面浮渣。

6 完全煮沸，開始咕嘟咕嘟冒出大泡泡後，繼續攪拌7～8分鐘。

7 關火，留意不要壓碎果實再攪拌5分鐘。

8 將果醬倒入事先煮沸消毒晾乾的玻璃瓶中蓋上蓋子鎖緊。

＊ 如果喜歡低糖口味，可以減少約30％的砂糖用量。（Y）

到法國學做法式果醬的可能性

I　我和 Le Petitmec＊12的主廚西山先生舉辦過《**幻想麵包店**＊13》的活動，重現在法國電影中登場的麵包。法國電影「狂人皮埃洛」中，有在屍體旁吃早餐的鏡頭。安娜卡里娜將裝了早餐的托盤放在床上的尚保羅貝爾蒙多身上。那份早餐就是抹了法式果醬的麵包片和咖啡歐蕾喔。

Y　**麵包片（tartine）**（第61頁照片）在法文中有「塗抹或加了配料的麵包（法棍或鄉村麵包等）」之意。最簡單的是只塗上奶油。抹了果醬或沒抹果醬的麵包片配咖啡，就是典型的法國早餐。雖然很多咖啡館的菜單中沒有寫出奶油麵包片，但不管在多偏僻的咖啡館吃都是美味無比的隱藏版美食。

I　在法國有用法式果醬做的麵包嗎？

Y　有名為**貝涅餅**（第61頁照片）外表如紅豆甜甜圈般油亮，裡面包了覆盆子果醬或蘋果泥（第127頁）的炸甜甜圈。

I　我吃過 Le Petitmec 的**貝涅餅**（第61頁照片）。與日本果醬麵包作法截然不同的油炸麵包和果醬，好吃得令人感到罪惡。

Y　在法國還有名為**果醬眼鏡餅**（第61頁照片），用兩片餅乾夾住覆盆子果醬的甜點。

I　好可愛的甜點！

Y　說到甜點，在法國超市可以買到很多法式果醬做成的盒裝點心。從像威化餅般輕柔的口感、到質地滑順的馬利餅、奶香濃郁的餅乾、海綿蛋糕等……，各種質地搭配法式果醬的組合。

I　種類好豐富呀。日本的果醬麵包和紅豆麵包一樣源自銀座木村家（第11頁）。第三代店主儀四郎先生發明果醬麵包。當時不僅是麵包店也是餅乾工廠，據說在看到餅乾夾了果醬烘烤的過程中，想到這個點子。日本果醬麵包的起源也是夾了果醬的餅乾呢！

Y 是呀。聽了木村家的故事，突然想做實驗。收集各種在日本買得到的國產、進口餅乾或手工餅乾，夾果醬試吃的實驗。探討哪種組合好吃、找出果醬新吃法。

▼實驗2—探討果醬的新吃法 ↓第68頁
▼Column2—捧紅果醬麵包 走訪創始店．銀座木村家 ↓第70頁

＊12 Le Petitmec
東京都新宿区新宿 3-30-13
新宿マルイ本館 1F
03-5269-483
11：00～21：00
（週日、假日～20：30）
比照新宿マルイ本館的公休日
lepetiemec.com
在充滿法式風情的可愛商店中，擺滿法棍麵包、可頌、如餐酒館單盤料理的三明治。

P13 幻想麵包店
Le Petitmec 的主廚西山逸成先生，重現在池田喜歡的法國新浪潮電影中登場的麵包。本文中的早餐情景，是在屍體旁用餐的超現實畫面。西山先生也在包裝材料上穿襯衫重現屍體。

實驗2

探討果醬的新吃法

在超市或食品店買來的國產、進口餅乾、鹹餅乾、手工餅乾塗上果醬試吃。透過各種類型得出實驗結果，配起司也對味的單純口味、鹹味餅乾、奶香濃郁類、全麥餅乾等都適合搭配果醬。（Y）

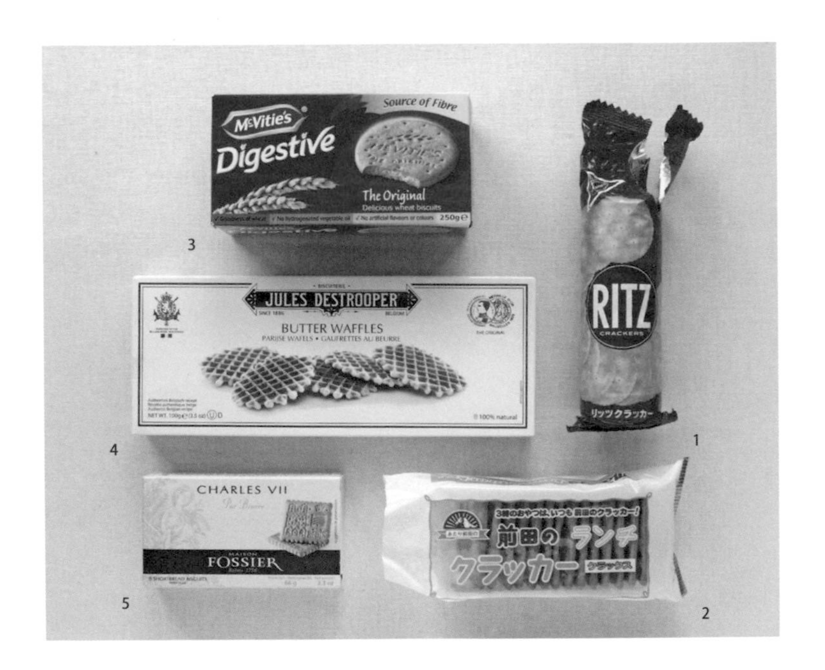

以上 5 種餅乾和果醬都對味。

1　吃得到鹽粒，口感近似派餅的「麗滋鹹餅乾」
2　味道純樸如乾麵包及鹹味適中的前田製菓「前田午餐鹹餅乾」
3　使用全麥粉製作，麵粉香氣濃厚讓人無法抗拒的英國麥維他「原味消化餅」
4　麵團加了 26% 的奶油揉製，口感酥鬆令人停不了口的比利時茱莉斯「奶油鬆餅」
5　口感類似森永「瑪莉牛奶餅」，但更香濃馥郁的法國 Foisser「查理七世餅乾」

REIMS

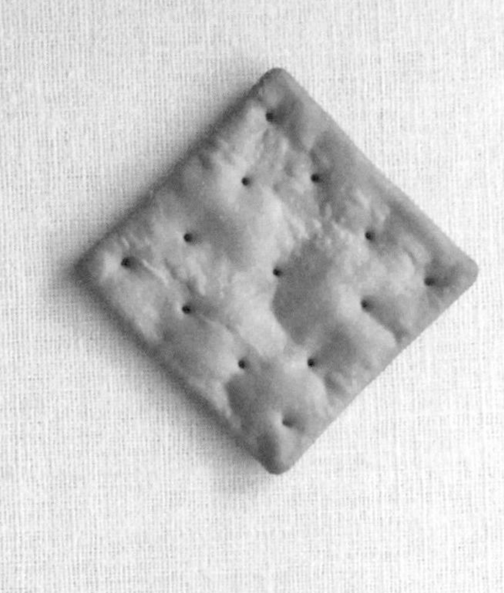

McVITIE'S
THE ORIGINAL

Column 2

捧紅果醬麵包　走訪創始店・銀座木村家

我去過銀座木村家位於7樓的廚房[1]。雖是木村家，但今天採訪的是果醬麵包，不是紅豆麵包。最近很少看到果醬麵包。受歡迎的程度和國民點心紅豆麵包相比，頗令人擔憂。果醬麵包誕生於明治33年（1900年），我想找出創始店木村家的果醬麵包優點。

他們讓我參觀成形的作業。雖然半圓形外觀近似奶油麵包，但作法稍有不同。首先是沒有形成手套造型的兩條切口。麵團擀成圓形後包住大量果醬。放到工作台上，用雙手手掌和手指仔細壓緊邊緣收口。

現場負責人水谷健司先生說「因為果醬會沸騰，要是沒黏緊麵包，就會在烘烤時流出來」。這也是不像奶油麵包般劃上切口的原因。順帶一提，後續看到奶油麵包的成形作業時，收口沒那麼密實，感覺上比果醬麵包還隨意。還是果醬難做，心中有點莫名的得意感。

接著，從烤箱**取出烤得閃閃發亮的果醬麵包**[2]。我試吃了一下。口中瞬間瀰漫著類似甜酒的發酵味。發酵香氣透過酒種的力量變得美味。質地綿軟細緻，染成果醬的朱紅色。一口咬下麵包中間，濃稠的果醬便落到舌尖上，甜到極點，一陣冰涼感竄過背後。是「包餡」產生的果醬麵包快感。

麵團和紅豆麵包一樣使用了酒種。比麵包酵母（速發酵母粉）費時，據說發酵時間約為30個小時。容易受到溫度和濕度的影響，麵團狀態每天都有微妙的變化。在先前的成形作業中一邊感受那樣的變化，一邊調整力道，揉出相同的麵團。是大工廠生產線模仿不來的味道。

木村家的果醬麵包不只有草莓果醬，還有杏桃口味。明治33年當時，草莓是相當珍貴的食材，所以改放杏桃果醬。為了能全年供應，使用回軟的杏桃乾。用杏桃做的果醬呈暗褐色，味道也不輸草莓，相當濃醇。這也是木村家的自製果醬。

那麼，明治33年木村家製作果醬麵包的理由是什麼呢？和當時木村家生產野戰口糧餅乾有關，因為售給軍方夾了杏桃果醬的餅乾，第三代店主儀四郎便想到可填入麵包中。

水谷先生說，「說到陸軍，日本軍隊曾到德國視察。或許是聽士兵說在那裏吃過包杏桃果醬的油炸圈餅（Krapfen，炸麵包的一種）而得到的靈感吧」。

這終究是猜測罷了。不過，被認為純日式血統的果醬麵包，在「內容物黏稠」的精神方面，是跨越東西方界線而彼此共通的吧。想像明治33年當時的流行食物，果醬麵包在我心中仍是身價不斐。（I）

1

果醬麵包的成形流程

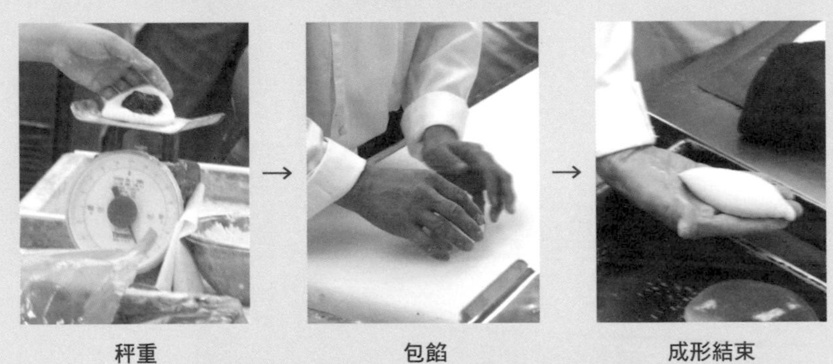

秤重 → 包餡 → 成形結束

2

銀座木村家 參閱第11頁

巧克力螺旋麵包

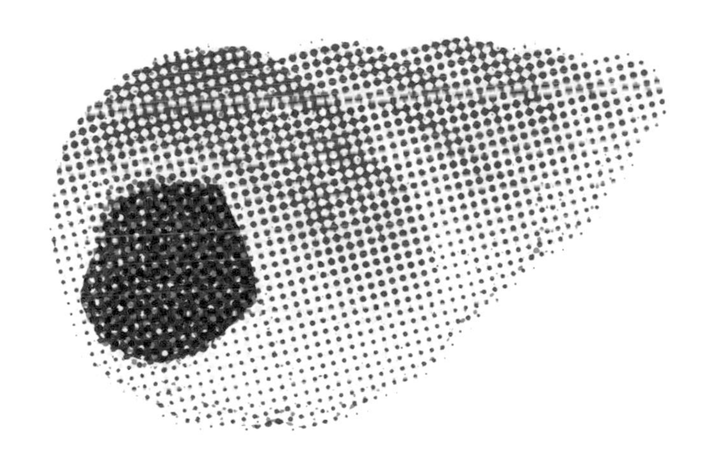

巧克力螺旋麵包的造型從哪來？

I 巧克力螺旋麵包的造型好有趣！

Y 那種飄飄然的樣子好療癒喔。

I 看似尖銳的中空內部是用麵團捲出來的吧？看到中空部分時我覺得超讚。應該有成形專用工具吧。

Y 專業用語叫「**螺旋模**[1]」。麵團先揉成前端稍粗的細長條形，圈住螺旋模纏繞起來。

I 那個手法是來自甜點界嗎？

Y 好像有類似的義大利甜點……。

I 對對，是義大利甜點。我在**江古田咖啡館**[2]（第77頁照片）吃過派皮中填入奶油，名為**奶油甜餡煎餅捲**[3]（**Cannolo**）的甜點。

Y 奶油甜餡煎餅捲的話，填入的是**瑞可達起司**[4]（**Ricotta**）奶油。

I 螺旋麵包的名稱也不賴呢。

Y 有種說法是語源來自義大利文中的 corno，是尖角或號角的意思。也像法文中尖角或角笛的單字 corne。而製作巧克力螺旋麵包的中空模也叫 cornet，是法文「圓錐形」的意思。蛋捲冰淇淋的餅乾杯法文也叫 cornet 喔。

I 原型是義大利文和法文中的「尖角」呢。

Y 在義大利的作法和法國有點不同，但像可頌外型的麵包都叫**牛角麵包**[5]（**Cornetti**）。那在義大利不做成月牙形，是做成「牛角」狀。裡面填入卡士達醬或巧克力奶油等。

I 原來如此。

Y 在西班牙的叫法有好幾種，不過，有個和巧克力螺旋麵包很像的食物叫做 caracola de chocolate。追溯起巧克力螺旋麵包的源頭，說不定是熱情洋溢的拉丁民族呢。

巧克力螺旋麵包正在消失？

Y　那麼，現在的麵包店還有在賣巧克力螺旋麵包嗎？在我小時候那是必賣商品，和哈蜜瓜麵包同樣受歡迎。

I　我覺得販售的商店越來越少。不是有很多麵包店沒有螺旋模嗎。

說到巧克力螺旋麵包，從哪邊開始吃就有爭議！百合子女士支持哪邊呢？

Y　我是撕下尖端，邊沾取粗端的巧克力奶油邊吃。不過在家吃的話，是從粗端開始吃，剩下的麵包再沾不同的東西，像是花生醬來吃……。或者是用舌頭頂住粗端的巧克力奶油，邊推擠到前端邊吃。吃蛋捲冰淇淋時也是用同樣的方法（笑）。

I　用舌頭推擠真是大絕招！我完全沒想到。

Y　因為只留下麵包太孤單了。

I　是很孤單。不過，要吃麵包就必須忍住這點。麵包這種食物，無論是紅豆麵包或奶油麵包，只剩下麵包這點是無可避免的。光吃麵包的這段時間就是「麵包的殘缺之美」吧。

＊1　螺旋模

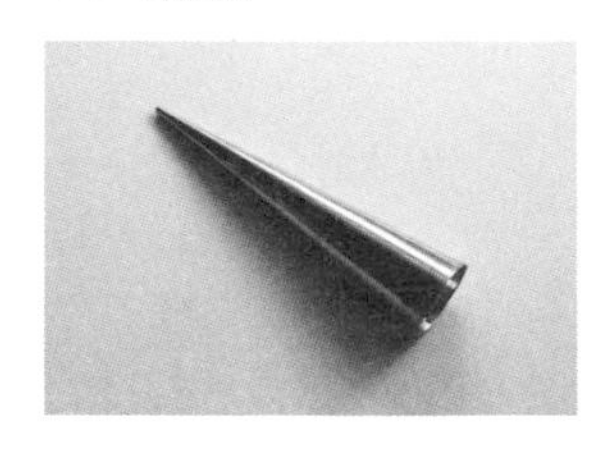

＊2　江古田咖啡館
東京都練馬区栄町 41-7
03-6324-7121
8：30 ～ 18：00　週二公休
palour.exblog.jp
可以自在品嘗店主原田浩次先生挑選的紅酒、利用產地直送素材做成的三明治、起司或義式咖啡。

＊3　奶油甜餡煎餅捲

＊4　瑞可達起司
意思是「二次加熱」的義大利新鮮起司。如名稱所示，將起司製作過程中流出的乳清二次熬煮製成。因為乳脂肪含量低味道清淡，在義大利廣泛用於義大利餃或蔬菜的餡料、各種甜點材料上。

＊5　牛角麵包

Y　麵包之道好深奧啊。您知道鐵人級的巧克力螺旋麵包吃法嗎？從沒有填到巧克力奶油的這端撕取麵包，再蓋住粗端這邊。然後從麵包被撕下來的這邊開始吃。雖然我沒試過，卻是深思熟慮後的吃法呢。

巧克力可頌最強論

Y　以前說到巧克力麵包就覺得是巧克力螺旋麵包，但現在不是出現了很多種巧克力麵包嗎。池田先生可以介紹一下目前吃過的美味巧克力麵包嗎？

I　我覺得巧克力可頌最厲害。住在巴黎時，我曾陷入不買巧克力可頌就不經過麵包店前的泥沼。法國的巧克力不是超好吃嗎。

Y　放在裡面的黑巧克力棒很好吃呢。

I　法國人在咖啡館喝的咖啡是義式濃縮咖啡吧。動不動就到咖啡館喝義式濃縮咖啡。放了濃純巧克力的巧克力可頌，是想吃甜食時，搭配義式濃縮咖啡的好伴侶啊。

Y　法國人喝義式濃縮咖啡也要加糖呢（笑）。我覺得支撐法國人點心時間的是巧克力可頌。因為蛋糕或塔點要3歐元以上，每天吃有點貴。所以很多人花1～2歐元買巧克力可頌來吃。

　目前在日本有哪家麵包店的巧克力可頌做得像法國的那麼好吃？

I　位於方舟之丘（Ark Hills）東京ANA洲際飯店內的烘焙坊，**Pierre Gagnaire Pains et Gateaux** *6 賣的就很好吃。還有Le Petitmec（第67頁）的巧克力可頌。

Y　Pierre Gagnaire也做麵包呢。

I　提到Le Petitmec的巧克力可頌時，我經常說「在新宿站前愕然崩落」。買了巧克力可頌忍不住吃了2～3口左右就走到新宿站東口。實在是太好吃了，

江古田咖啡館
奶油甜餡煎餅捲
第74頁

Backstube ZOPF
無花果巧克力千層麵包
第79頁

PARIS-h
巧克力可頌
第78頁

cimai
巧克力裸麥麵包
第79頁

Boulangerie Sudo
巧克力可頌
第78頁

抵達新宿站時那份美味已愕然崩落了。

Y 好精采的比喻啊（笑）。Le Petitmec 的法棍麵包也很好吃呢。

I 一吃到美味的巧克力可頌，意識就會飄遠，時間跟著暫停。位於大阪中之島 **PARIS-h** *7 的**巧克力可頌**（第77頁照片）也是這樣。才想說為什麼巧克力會這麼香，就看到如特級鰻魚便當般鋪了雙層巧克力啊。可頌麵團中也加了香氣撲鼻的法國奶油。明明充滿奶油風味，巧克力卻蓋過奶油，香氣更勝一籌。我覺得那種感覺相當接近在法國吃的巧克力可頌。

Y 好想吃吃看啊。

I 還有，我將 **Boulangerie Sudo** *8 的**巧克力可頌**（第77頁照片）神格化了。來自比利時的巧克力餘韻綿延持久芳香馥郁，不過還是可頌麵包體好吃。發酵奶油的新鮮滋味，和頂端近乎烤焦的焦糖香氣融為一體。我覺得那雙重提升了巧克力風味。

若要搭配香氣濃郁的巧克力……

Y 在法國用黑巧克力做的麵包相當好吃，所以我也常吃加了很多巧克力豆的布里歐許。我喜歡 **Aurore Capucine** *9 賣的。不過，巧克力醬的話則是**能多益** *10（**Nutella**）。可麗餅也寫成巧克力可麗餅（Crêpes au chocolat），抹得幾乎都是能多益的巧克力醬。身為巧克力醬，明明**甘納許** *11 才是正統的優質品……。

I 巧克力店的巧克力可頌難吃到爆嗎？

Y 是超級好吃喔。法國的巧克力專賣店也賣巧克力閃電泡芙或巧克力蛋糕。

I 聽起來不錯耶。我還記得令我感動不已的 **La Maison du Chocolat** *12 巧克力蛋糕。

Y 很好吃吧！La Maison du Chocolat 的閃電泡芙也是絕品。

I 法國巧克力專賣店的巧克力真的很好吃。我覺得香氣無法擋。

Y　在法國當地也有巧克力＋覆盆子這樣的鐵咖組合嗎？

I　沒有那麼棒的組合耶！巧克力和覆盆子的組合，我覺得日本麵包店做得更好。巧克力和無花果也很對味，這是我在ZOPF（第35頁）的**無花果巧克力千層麵包**（第77頁照片）學到的。像在裸麥麵包中包了無花果和巧克力般層層交疊的麵包。

說到裸麥和巧克力的組合，就是cimai（第19頁）的**巧克力裸麥麵包**（第77頁照片）。造型如史萊姆般可愛，質地相當軟彈。裸麥搭配苦味巧克力加上自製發酵麵團的酸味整體非常對味。

＊6　Pierre Gagnaire Pains et Gateaux
東京都港区赤坂 1-12-33
ANA インターコンチネンタルホテル東京
03-3505-1111（總機）
7：00～20：30
（週六、日、假日 8：00～）
全年無休
anaintercontinental-tokyo.jp
經營者為法國三星主廚皮耶加尼葉（Pierre Gagnaire），店內擺滿華麗的麵包與甜點。

＊7　PARIS-h
大阪府大阪市北区中之島 3-6-32
ダイビル本館 1F
06-6479-3577
10：00～19：00　週日、一公休
lourdeh.exblog.jp/
店內洋溢著法式風情。商品特色是色彩豐富與原創性。

＊8　Boulangerie Sudo
東京都世田谷区世田谷 4-3-14
03-5426-0175
9：00～19：00
週日、一、二不定期公休
d.hatena.ne.jp/Boulangerie-Sudo
個性鮮明的美麗麵包訴說著高超技術。購買吐司需等待數月。車站前的商店排隊人潮絡繹不絕。

＊9　Aurore Capucine
3 rue de Rochechouart 75009 Paris
www.aurorecapucine.fr
家庭味十足的甜點店，也賣茶飲和巧克力。充滿創意素材和設計的甜點頗受好評。

＊10　能多益
義大利廠商費列羅（Ferrero）生產的巧克力風味抹醬。以榛果醬為基底製成，風味更迷人。在法國家家戶戶的冰箱都有一瓶，相當普及。

實驗

找出最佳的板狀巧克力奶油麵包

「板狀巧克力奶油麵包」是在法國最受小孩歡迎，輕鬆就能享用的國民點心。作法是在法棍麵包上塗抹大量奶油，放上折成適當大小的巧克力片再夾起來即可，相當簡單。法棍麵包從工廠量產品到令法國人驚豔的道地麵包都有。從常見市售奶油及巧克力到法國生產的高級商品中，挑選了4種法棍麵包、3種奶油、5種巧克力，以循環賽的方式做成板狀巧克力奶油麵包進行試吃。並選出4種最佳組合。

（I&Y）

材料

法棍麵包

山崎
味道清爽口感輕盈。感覺上是正宗法棍麵包傳入前的舊法棍風味。

LE PAIN de Joël Robuchon
以基本、直接的作法製成。味道純粹無多餘風味。

Le Petitmec
低溫長時間發酵而成。隨著熟成風味更加厚實香甜。濃郁香氣撲鼻而來。

BONNET D'ANE
使用來自法國的麵粉以發酵種法製成。一靠近口鼻，發酵香氣迎面襲來。充滿法國麵粉的香氣及奶油味。帶有熟成的香甜味。

有鹽奶油

雪印
日本的經典奶油代表。發酵味清淡，沒有艾許奶油強烈。

可爾必思（CALPIS）
口感滑順層次豐富，沒有奶酸味風味清爽。

艾許（ÉCHIRÉ）
來自法國的發酵奶油。特色是發酵香氣濃郁且口感滑順。

巧克力

明治牛奶巧克力
和苦巧克力比起來味道如焦糖巧克力般香甜滑順。

瑞士蓮巧克力（經典純味巧克力片）
接受度高的進口苦巧克力，可以感受到濃烈的焦糖甜感。

法芙娜孟加里巧克力片
（可可含量64％的黑巧克力）
酸度苦味強烈的巧克力。尾韻是莓果酸味。

法國梅森巧克力（La Maison du Chocolat）
奧里諾科
（片裝黑巧克力）
酸味柔和，可可香氣馥郁。

People Tree 有機苦巧克力
與其說苦味明顯，不如說可可香氣芳醇易入口。

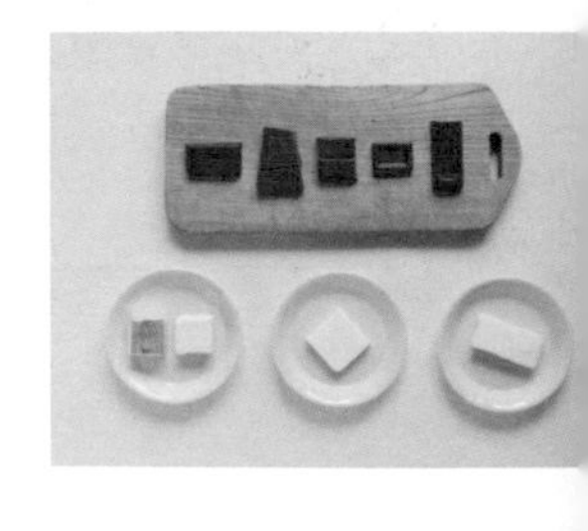

LE PAIN de Joël Robuchon
+
可爾必思+法芙娜

法芙娜在巧克力產品中算是酸味明顯別具風味。將鮮奶油般的可爾必思奶油塗在外皮酥脆味道純粹的Roburchon法棍麵包上，整體風味協調。

山崎
+
雪印+瑞士蓮或明治

雪印奶油藏起山崎法棍麵包的缺點，並發揮其優點。再夾上瑞士蓮巧克力，是價格實惠又能嘗到美味麵包片的組合。也很推薦明治巧克力片，吃起來就像早期懷舊的甜點麵包。

BONNET D'ANE
+
可爾必思+People Tree

可可味濃厚的People Tree巧克力彌補了BONNET D'ANE法棍麵包發酵種的酸味，搭配得恰到好處。不過，就算塗上可爾必思奶油，BONNET D'ANE的風味還是很明顯，稍微降低了巧克力的特色。若是交互小口細咬巧克力和法棍麵包就能品嘗到兩者豐厚的滋味。

Le Petitmec
+
艾許+法國梅森巧克力

百合子女士吃過後說「味道就像在法國吃過的板狀巧克力奶油麵包」。每次在口中融化都帶來豐富滋味，對於酸度和可可味濃厚的法國梅森巧克力，甜度及熟成味明顯的Le Petitmec法棍麵包搭配起來毫不遜色。

法國人是巧克力控

Y 我覺得法國人是「巧克力控」。男女老幼很超愛，已經不是「喜歡○○」或「愛好者」的等級了。

I 法國人曾提醒我，在巴黎如果要搬家，最好送管理員巧克力。這麼一來，要是有疏失就能輕輕帶過（笑）。巧克力在法國就像「萬用」伴手禮。

Y 是啊。巧克力也是上門拜訪的首選伴手禮。像綜合巧克力（Bon Bon Chocolat，一口尺寸）禮盒。

I 在法國，到了復活節也會送巧克力。

Y 巧克力也是百搭餡料呢。法棍麵包只夾巧克力片就很好吃。據說在法國家庭中，只要有剩下的法棍麵包，又有巧克力片，無論有沒有塗奶油都會夾起來吃。這款麵包在法國沒有正式名稱，這裡暫且稱作「板狀巧克力奶油麵包」。

I 在**「八美圖」***13這部電影中，有艾曼紐琵雅吃布里歐許的鏡頭。雖是日常飲食，卻見她扳開巧克力片，塞進布里歐許吃。我想法國人吃巧克力奶油麵包就是這麼稀鬆平常的事吧。

Y 大人在麵包中夾巧克力片，是因為念舊、還是下意識重複兒提時代的動作，我並不清楚。巧克力奶油麵包配上大量鮮奶，對法國人而言，就像古早味組合吧。

I 將巧克力奶油麵包當成點心，是廚房隨時備有法棍麵包的法國才有的吧。因為那種情景首先就不可能出現在日本。因為很少會有剩餘的法棍麵包。實際做來試吃，雖說很好吃，但也有不對味的時候。

Y 或許法棍麵包和巧克力品質要取得平衡吧。法棍麵包、奶油、巧克力片，從高級貨到尋常品，種類眾多，如果搭配得宜，就能做出好吃的板狀巧克力奶油麵包吧。

I 若能用容易買到的明治巧克力做出美味麵包就好

了。

Y　那就用法棍麵包、奶油、巧克力片，以循環賽的方式做實驗吧。

▼**實驗──找出最佳的板狀巧克力奶油麵包** ↓第80頁

＊11　甘納許
巧克力加鮮奶油（也可以加些牛奶）調製而成。也能當作以松露巧克力為首的巧克力夾心。

＊12　La Maison du Chocolat
225 rue du Faubourg Saint Honoré
75008 Paris
www.lamaisonduchocolat.fr/fr
創辦人是有「甘納許魔術師」美名的 Robert・Linxe，1977 年開設的巧克力專賣店。目前全世界有超過 30 家分店。

＊13　八美圖
2002 年，法蘭索瓦奧桑導演拍攝的法國電影。以凱撒琳丹尼芙、伊莎貝雨蓓等豪華女演員陣容掀起話題。

BRIOCHE
NATURE
1,15€
BRIOCHE
1,25€

布里歐許

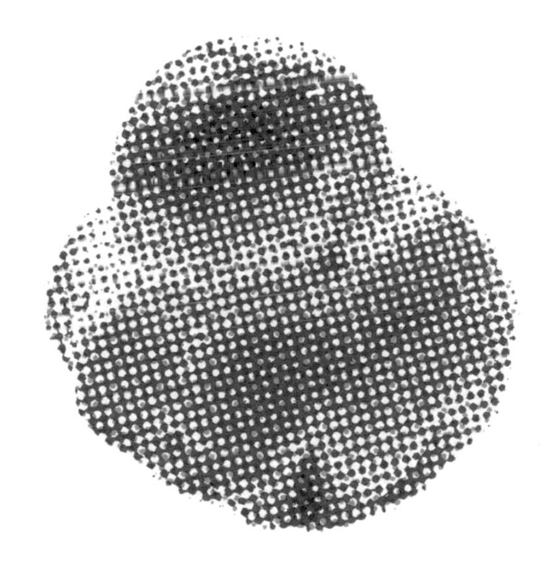

布里歐許非麵包也

I　在法國，可頌或布里歐許算是**維也納甜麵包**＊1，有別於用麵粉、鹽、麵包酵母（速發酵母粉）、水等基本必要食材做成的主食麵包。

Y　維也納甜麵包是當早餐或點心吃的麵包。麵包店或甜點店都會做。地位介於麵包和甜點間，是法國版的「甜麵包」呢。

I　法國除了僧侶頭布里歐許（Brioche à tête）（布里歐許普遍呈圓形。第85頁照片）外還有很多種布里歐許喔。

Y　小型麵包有**糖粒布里歐許**或**巧克力布里歐許**。我很喜歡後者常常吃喔。切成片狀品嘗的大型麵包則有**旺代布里歐許**（Brioche Vendeenne）或**布里歐許吐司**（Brioche Nanterre）（第89頁有4者的照片）等。旺代布里歐許是將麵團編成麻花辮後放進長方形烤模，布里歐許吐司則是把切成小塊的麵團放進長方形烤模後烘烤。

I　在日本也用布里歐許麵團做吐司、紅豆麵包或肉桂捲等。也能做成波斯托克（Bostock）之類的甜點。布里歐許是用途相當廣泛的麵團，因此會以各種造型出現。

Y　波斯托克是將布里歐許麵團浸泡在糖漿中軟化，表面塗抹**杏仁奶油**＊2並撒上杏仁片。再放進烤箱烤成金黃色。在法國，波斯托克原本是利用賣剩的圓柱型布利歐許所製成的麵包。算是**杏仁可頌**＊3的親戚呢。

I　當我想到《奇趣甜麵包》的標題時，就浮現波斯托克的身影。不知道是麵包還是甜點。雖然可以單純視為甜點，但質地卻像麵包。**Le Grenier à Pain**＊4的**波斯托克麵包**（第88頁照片），重現法國原貌，以布里歐許的蛋香、杏仁和酒等各種風味堆疊出法式濃郁甜美滋味。

Y 就是「發酵甜點」吧。在法國本土用布里歐許麵團製成的維也納甜麵包或發酵甜點，地方上尤其普遍。據說原本布里歐許的發源地就在乳製品豐富的諾曼第地區。

I 我吃過十字狀的布里歐許。

Y 薩瓦地區的薩瓦十字架（Croix de Savoie）吧。以前統治那附近的薩瓦家族徽章是白十字狀，所以做成這種形狀。還有諾爾地區的**奶油糖塔**（Tarte au sucre、第89頁照片）。等

I PAUL＊5也有賣呢。雖說取名為塔，卻是在布里歐許麵團上用手指戳出很多洞，再撒上發酵奶油和砂糖。

Y 奶油糖塔是北法的鄉土甜點。PAUL是源自法國北部諾爾地區的市中心里爾（Lille）的老店。

＊1　維也納甜麵包（Viennoiserie）
法文「維也納物品」的意思。1839年，有位叫 August Zang 的人在巴黎開了家維也納風格的麵包店。那裡製作的維也納麵包是用牛奶與珍稀奶油製成的奢侈品，所以該字後來便成為含有豐富砂糖、奶油、雞蛋和牛奶等香濃麵包的代名詞。

＊2　杏仁奶油
奶油、砂糖、雞蛋、杏仁粉攪拌製成的奶油餡。用來製作各種甜點或甜麵包，如填入塔點或派皮中一起烘烤等。

＊3　杏仁可頌
原本是為了讓賣剩的可頌變得更美味而想出的維也納甜麵包。以糖漿軟化可頌，在裡面和表面塗上杏仁奶油撒上杏仁片再放入烤箱烘烤。因為在法國頗受歡迎，所以也有很多店家會使用當天出爐的可頌製作。最近，出現了和巧克力可頌作法類似的杏仁巧克力可頌，也廣受喜愛。

＊4　Le Grenier à Pain atré 惠比壽店
東京都渋谷区恵比寿南 1-6-1
アトレ恵比寿西館 4F
03-5475-8719
10：00～21：30
不定期公休（比照 atré 惠比壽）
在巴黎兩次榮獲法棍麵包大賽優勝的名店進軍日本。主廚曾赴當地研習，製作的法棍麵包和可頌，帶來與日本人味覺截然不同的道地風味，頗具魅力。

＊5　PAUL
www.pasconet.co.jp/paul
一世紀之前在北法的里爾市開業。按照當時的食譜使用法國生產的麵粉製作麵包，在法國本土和日本有多家分店。

365日
布里歐許
第98頁

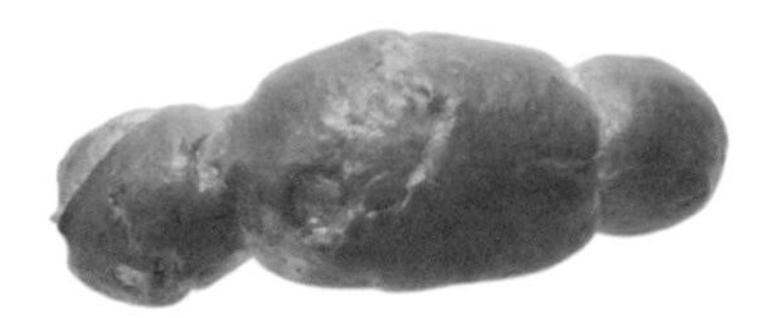

Loin montagne
cougnou
第98頁

klore
火腿九條蔥布里歐許
第98頁

薰薰堂
薩瓦十字架
第98頁

Le Grenier à Pain
波斯托克麵包
第86頁

uneclef
托佩圓麵包
第90頁

Louloutte
果仁布里歐許
第90頁

ichikawa麵包店
凱密克麵包
第91頁

Katane Bakery
肉桂麵包
第95頁

法國的布里歐許麵包

布里歐許吐司
第86頁

旺代布里歐許
第86頁

波斯托克麵包
第86頁

巧克力布里歐許
第86頁

奶油糖塔
第87頁

托佩圓蛋糕
第90頁

果仁布里歐許
第90頁

行家才知道的布里歐許

I　說到塔點，**托佩圓蛋糕（Tarte Tropézienne）**（第31頁、第89頁照片）也是布里歐許麵包的一種吧？

Y　是啊！和奶油糖塔一樣，雖是塔點，卻用布里歐許麵團製成。想出托佩圓蛋糕的甜點店，店名也叫**La Tarte Tropézienne** *6，位於南法的沿海都市聖托佩（Saint-Tropez）。據說托佩圓蛋糕是店主從祖母的食譜獲得靈感製成的。當時好像叫做奶油塔（Tarte à la crème，填入奶油餡的塔點）。法國知名女演員碧姬芭杜到這裡拍攝「上帝創造女人」這部電影時，將名稱改為有「聖托佩風味塔」之意的「托佩圓蛋糕」。

I　我也很喜歡那部電影，總覺得應該會掀起托佩圓蛋糕旋風吧（笑）。我愛吃 **uneclef** *7的**托佩圓麵包**（第88頁照片）。裡面不但有奶油還加了果醬，可以吃到奶油和杏桃果醬的雙重甜美味。

除此之外還有哪些隱藏版的布里歐許麵包？

Y　一走到法國羅亞爾河以南，就會發現那裏的**國王餅** *8是用布里歐許麵團做成的大型環狀麵包。雖說裡面都有放瓷偶，但外型完全不同。

其他還有名為**果仁布里歐許**（或是聖傑尼布里歐許 Brioche de Saint-Genix，第89頁照片），加了粉紅色果仁糖（裹上厚糖衣的杏仁）的布里歐許等地方色彩濃厚的布里歐許麵包。在里昂附近地區，會將果仁糖染成深粉紅色。再切成粗粒與布里歐許麵團混合均勻，看起來就像加了冷凍草莓呢。

I　我吃過大阪 **Louloutte** *9做的。鬆軟的麵包中放了糖果般的果仁糖，產生甜美化學反應。Louloutte 店內賣的是可愛的法式麵包。粉紅點綴的果仁布里歐許超級可愛。我覺得布里歐許要是展現出這麼少女化的一面，一定會更受歡迎。

Y　在里昂附近的羅阿納鎮（Roanne），有家店將這類布里歐許麵包取名為「Praluline」，當成招牌商品來賣。店名是 **Maison Pralus**＊10，在巴黎也有分店，所以就算在巴黎也品嘗得到。池田先生在果醬麵包那一篇，提到了 Réfectoire 的布里歐許吐司（第58頁）吧。您說一買回家，就會想著早上要吃掉多少。和我買果仁布里歐許時的心情一樣。

I　還有**凱密克麵包（Cramique）**＊11。大多放入磅蛋糕模烘烤，加了葡萄乾的布里歐許麵包。用烤模烤就能保有水分形成濕潤口感，因此我很喜歡。我覺得小倉 **ichikawa 麵包店**＊12的**凱密克麵包**（第88頁照片）堪稱極品。多加水少攪拌的細心作法，非常適合凱密克麵包。

Y　日本已經有凱密克麵包了啊！我以前很喜歡法國 PAUL 店內加了珍珠糖的超甜口味。

＊6　La Tarte Tropézienne
3 rue de Montfaucon 75006 Paris
www.lataretropezienne.fr
1955年，在南法海邊小鎮聖托佩開業的甜點店。因做出世界知名的招牌商品「托佩圓蛋糕」而備受矚目，發展區域以南法為中心，並推廣至巴黎。

＊7　uneclef
東京都世田谷区松原 6-43-6#101
03-6379-2777
9：00～18：00
（咖啡館～17：00）
週二、三公休
uneclef.com
自製果醬、檸檬蛋糕、肉桂捲等。每一款都是時髦品項。可以品嘗到精心沖煮的美味咖啡和麵包。

＊8　國王餅 galette des rois
填入杏仁奶油的派餅，在紀念聖嬰耶穌降生為人公開露面的主顯節時吃的點心。主顯節為1月6號，是東方三賢士帶著祝福來到剛誕生的耶穌身邊之日。分切國王餅時，誰拿到藏在裡面的「蠶豆」（fève，小瓷偶）就是國王，可以帶上紙皇冠。

＊9　Louloutte
大阪府大阪市西区江戸堀 2-3-17 1F
06-6136 7277
9：00～19：00　週一、二公休
該店的主廚曾遠赴巴黎名店 Du Pain et des Idées 進修。販售咕咕霍夫、以 Du Pain et des Idées 的人氣商品朋友麵包（Pain des Amis）為範本的 louloutte 麵包等。在跳蚤市場買來的日用品也很可愛。

＊10　Maison Pralus
35 rue Rambuteau 75004 Paris
www.chocolats-pralus.com
第一代的店主 Auguste Pralus 於1948年在里昂郊區的羅阿訥鎮開店，設計出名品「果仁布里歐許」。目前由兒子 François Pralus 接棒，也投注心力於巧克力上，很早就展開各產地的巧克力商品等業務。

實驗

用布里歐許做水果三明治

「請用這款麵包做水果三明治」

跟最愛的水果甜品店「Fru-Full」說出這句話曾是我的夢想。帶別家店的麵包過來很沒禮貌吧？雖然擔心，但Fru-Full的其田秀一先生卻爽快地一口應下「喔，可以呀」。太棒了！理想中的布里歐許麵包是nukumuku的「進化版布里歐許」。質地濕潤綿密入口即化。我跟與儀高志主廚要求「要另外做成吐司狀喔！」。

採訪那一天，我說出開頭的那句話並遞上nukumuku的布里歐許吐司。雖然大小和平常的不同，卻順利地做成水果三明治。像魔法般光滑的水果切片。用抹刀挖取鮮奶油在麵包上流暢地抹開來。一刀切下，斷面乾淨整齊。專家的工作就是以愉悅的神情輕鬆地進行困難事項。

請店家幫忙做了2種水果三明治。首先是一般吐司。散發出發酵香氣。吐司味道清澈，不影響鮮奶油和水果的風味。用顏色表達給人的印象就是「白」。像白米日本酒。是日本人喜歡的清新風味。

接著，是夢想中的布里歐許款。口中瀰漫著鮮奶油融化後的單純甜味，應和著布里歐許的豐潤香甜。一咬到水果便流出果汁。為白色的鮮奶油底布染上華麗繽紛的氣息。草莓粉紅、芒果橘、奇異果綠及香蕉交織出南國風味。豪氣切下最棒的水果才有的豐富滋味。

「外型更像甜點」、「看起來就像蛋糕」等頗受工作人員好評。他們還帶來1種特製水果三明治。用布里歐許麵包做的水蜜桃三明治（下圖照片）。多汁的水蜜桃鮮豔欲滴。鬆軟麵包憐愛地包覆著容易壓傷的果肉。桃子汁交雜著鮮奶油。這麼多汁的水果會浸溼麵包並不適合吧？不，我覺得正因為是曇花一現的組合，更能釋放出耀眼的甜美滋味。（I）

Fru-Full梅丘店
東京都世田谷区松原6-1-11　03-6379-2628
營業時間請洽詢　週二、週三公休
以厚鬆餅和水果三明治聞名的水果甜品店。嚴格把關水果、鮮奶油等素材的品質。

nukumuku
參閱第35頁

沒有麵包就吃布里歐許啊！

I　雖然沒有寫布里歐許，但我覺得繪本《太陽麵包》（Elisa Kleven 著、金星社）中出現的麵包，很接近布里歐許的原型。故事內容是因為冬季嚴寒，便有人提議來做超好吃麵包，加了很多雞蛋和奶油烘製。於是，像太陽般溫暖的麵包出爐了，每個人和動物們一起前來品嘗，並趕走冬季迎來春天。我對布里歐許的印象就是如太陽般溫潤甜美，因此相當能理解作者的想法。

Y　布里歐許因為要強調麵團中加了大量雞蛋和奶油揉製，很多店會放黃色色素。黃色象徵著濃郁。以往，麵包是平日，甜點是特別日子的食物，布里歐許雖說屬於麵包，對法國人而言地位卻像甜點般特別。

I　對法國大革命前陷入飢荒的法國國民而言，瑪麗安東妮皇后說了句令他們難以接受的話呢。「沒有麵包為何不吃布里歐許」。傳到日本便成為「為何不吃甜點」，那句話的原文是什麼呢？

Y　法文原文是「Qu'ils mangent de la brioche」，意思是「為何不吃布里歐許」。這句話出自尚雅克盧梭（Jean-Jacques Rousseau）的《懺悔錄》，似乎是某位身分高貴的公主說的，但其實，這本書描述的是瑪麗安東妮踏足法國之前的事。

I　或許是那些希望將法國飢荒怪罪到皇室頭上的人們，故意提出盧梭寫的句子是瑪麗安東妮說的話。在日本把「布里歐許」翻譯成「甜點」，是因為知道布里歐許的不多吧。

Y　好像是從法文翻譯成英文時，已將 vrioche 寫為 cake，再日譯為甜點。不管是哪國人翻譯的，都將布里歐許當成甜點呢。

I　即便是以訛傳訛，喜歡布里歐許的我相當同情瑪麗安東妮呢。她非常喜歡甜點，據說最愛吃咕咕霍夫

（類似布里歐許的濃郁發酵甜點）。《透過甜點追溯法國歷史》（池上俊一著，岩波書局）中寫道，咕咕霍夫原本是奧地利或波蘭當地的甜點，和瑪麗安東妮一起來到法國。喜歡布里歐許的公主大方說出「為何不吃布里歐許」，那不食人間煙火的姿態，即使是趣聞也有迷人之處。

布里歐許變化多端

Y 池田先生還有喜歡的布里歐許麵包？

I Katane Bakery（第29頁）的**肉桂麵包**（Kanel）（第88頁照片）。將肉桂糖粉撒在布里歐許麵包體上，再擠上鮮奶油。麵包上有氣孔，一放入烤箱鮮奶油就遇熱融化，經由氣孔滲透到內部。但不是整體吸飽奶油，只有局部。有些地方吸收到鮮奶油有些則維持布里歐許麵包體原狀。那就讓人食指大動了。

＊11　凱密克麵包（Cramique）
比利時、盧森堡及法國北部等地居民吃的葡萄乾布里歐許麵包。主要當早餐或點心，直接切片吃或依喜好塗上奶油、果醬後食用。

＊12　ichikawa 麵包店
福岡縣北九州市小倉南区葛原高松1-1-24
093-475-1255
9：00～售完為止
週一、二公休
lkawa-seipanten.com
麵團水分含量高且長時間發酵。形狀優美精心製作的麵包口感鬆軟宜人。嚴選有機美味的食材。將每位顧客當成家人親切交談的氛圍也充滿魅力。

＊13　聖尼古拉節
聖尼古拉（Saint・Nicholas）節是在包含法國東北部、比利時、荷蘭、德國、奧地利等地為兒童舉辦的節日。據說聖尼古拉在前晚發糖果給孩子們的習慣或身影，成為現今聖誕老人的由來。

自製布里歐許

材料／直徑20㎝、高7㎝ 1個份

速發酵母粉——1大匙（10g）

溫水（體溫）——3大匙

無鹽奶油——70g

高筋麵粉——250g＋20g

砂糖——50g

雞蛋（可以的話用大顆）——3個

鹽——1小匙

＊使用有鹽奶油時，鹽改為略多於½小匙。

作法

1 酵母粉加食譜分量的溫水溶解成糊狀後靜置約5分鐘。

2 奶油放進微波爐（約500W）中加熱約1分鐘融化。

3 調理盆中放入250g的高筋麵粉、砂糖、1的酵母粉，用手稍微攪拌。

4 打入雞蛋，用手以搓揉的方式混拌到沒有粉末顆粒。

5 撒鹽，一邊重複用刮勺前端黏住麵團並拉開的動作，一邊揉捏約5分鐘。

6 分2～3次加入2融化的奶油，每次都要用刮勺混拌均勻。

7 當奶油攪拌到定程度後，再用刮勺揉捏約5分鐘。

8 加入20g的高筋麵粉，用手搓拌到沒有粉末顆粒。

9 包上保鮮膜，利用烤箱的發酵功能，或放在30～40℃的地方靜置1小時發酵。

10 將8放在鋪了烘焙紙的烤盤上，盡量揉成鼓起的圓球狀。

11 放進預熱到180℃的烤箱中烤20～25分鐘。

Y　肉桂和鮮奶油彼此融合。雖然技巧簡單，卻有莫大效果。

I　另外，我也喜歡365日（第19頁）的**布里歐許**（第88頁照片）。我曾坐在公園長凳上吃，實在太好吃了，覺得光吃麵包太可惜了，便匆忙地找自動販賣機買VaN Houten的巧克力飲料。

Y　布里歐許和巧克力很對味耶！在法國東北部的阿爾薩斯地區，12月6號**聖尼古拉節**＊13那天，有吃**人形麵包（Mannele）**＊14搭配熱可可的習慣。

I　在王子本町的**Loin montagne**＊15，一到12月就會推出人形麵包。（商品名為**cougnou**，第88頁照片）

布里歐許搭配鹹食也很好吃。有時會和黑血腸（Boudin noir）一起吃。在京都的**klore**＊16就有賣**火腿九條蔥布里歐許**（第88頁照片）。這是主廚將布里歐許麵包當成鹹蛋糕，混入花腿和九條蔥製成的。

Y　不做成鹹蛋糕而是鹹布里歐許麵包耶。

I　有些麵包店賣的甜麵包幾乎都是用布里歐許麵團製成的喔。像橫濱的**薰薰堂**＊17。前述的**薩瓦十字架**（第88頁照片）就是薰薰堂的商品。目前，包括沒有上架的產品約有50種以上只用布里歐許麵團製作，而且還在發掘傳統商品。像那些年代久遠的布里歐許，種類相當豐富呢。

Y　是法國的麵團三大巨頭之一。用布里歐許麵團、可頌麵團、摺疊派皮，可以做出大部分的維也納甜麵包。不過，在日本無法整合成「美味的布里歐許特輯」。

I　原因之一是過於變化多端，沒有如法棍麵包或可頌等代表性的固定形狀。薰薰堂龜山修二先生曾說過，即便是用布里歐許麵團，也會依麵包質感改變烘焙方式作成其他產品。像波斯托克是延長烘烤時間，烤乾水分做成酥脆口感等。

Y　布里歐許其實是能自由揮灑樂趣的麵包。從以前就想吃看看用布里歐許吐司做的水果三明治。

I　噢，不錯耶。我想一定會很好吃。

▼實驗一用布里歐許做水果三明治　↓第92頁

Y　我在大森由紀子女士的書上看到以前的法國媽媽會在家簡單製作布里歐許。用手揉製麵團放在一旁發酵做成點心。各地都有用布里歐許做成的發酵甜點，可能是基於這樣的環境背景吧。

I　大森由紀子女士的《布里歐許&塔點　法國烘焙甜點之旅》（雄雞社）是傳承法國布里歐許原貌的珍貴資料呢。

Y　我忘記是否在那本書上，讀到法國媽媽的作法不是二次發酵，而是只做一次發酵。想說有這種方法呀，便試著只進行一次發酵，結果成品好好吃喔。口感濕潤且質地緊緻。還有，揉麵團時會沾手吧。加了雞蛋和奶油後，手會變得濕濕黏黏的。因為做的人很討厭這種感覺，便想出用刮板搓揉的方法。

▼食譜1一自製布里歐許　↓第96頁

＊14　人形麵包（Mannele）

＊15　Loin montagne
東京都北区王子本町1 15 20
高木ビル1F
03-3900-7676
9：30～18：00
週日、假日、
第2、4週的週六公休
www.loin-montagne.com
使用白神小玉酵母，日本國產麵粉的老街麵包店。精進昔日流傳下來的職人手法，做出絕品豬排三明治和咖哩麵包。

＊16　klore
京都府京都市北区鷹峯藤林町6
長八館1F
075 495-6313
9：00～18：00　週二、三公休
多用手工揉製，以不過分攪拌做出柔和的質地。最令人開心的是積極使用九條蔥、七味辣椒、黑豆等京都食材製作。

＊17　薫薫堂
神奈川県横浜市泉区和泉中央北3-16-27
045-805-0403
10：00～19：00　週日、一公休
www.kunkundou.com
由烘烤布里歐許的龜山修二主廚，和製作湯種吐司的妻子裕子女士，優秀的職人夫妻檔開的店。從翻轉蘋果塔到多菲內核桃派（Dauphinois），分別用布里歐許麵團烘烤甜點和甜麵包。

用布里歐許做法式吐司

在西班牙見到的法式吐司作法令我恍然大悟。首先，將變硬的麵包泡在牛奶中軟化，表面再沾滿打發的蛋液，最後用橄欖油煎並撒上肉桂糖粉。分別沾取雞蛋和牛奶而且不加糖。後續再為不甜的法式吐司增加甜度。因為打發雞蛋有點費工，所以結合不加糖的西班牙式優點和標準食譜的優點，完成自己的配方。（Y）

材料／4片分

雞蛋——1個
牛奶——200ml
布里歐許吐司——4片
（以大片為標準／高11cm、寬6～7cm、厚2.5cm）
奶油——30g

作法

1 雞蛋打入調理盆中用打蛋器攪拌，再加入牛奶攪拌均勻。
2 將1倒入方盆中，放進布里歐許吐司浸泡，直到吸飽蛋液。勤快翻面的話能加快蛋液吸收的速度。
3 在大平底鍋中放入20g奶油，開中火加熱。
4 奶油融化後，放入2，煎到單面呈金黃色後翻面。加入剩餘的奶油，以同樣的方式續煎另一面。

*食用時可以淋上楓糖或肉桂糖粉增添甜味，也可以撒鹽、黑胡椒、淋上番茄醬、擺上焦脆的培根等當正餐吃，因此製作時蛋液不加糖。

布里歐許和法式吐司的姻親關係

Y 在巴黎的餐酒館或咖啡館的甜點選項上，有時會提供法式吐司，不過可以說幾乎100％是用布里歐許吐司做的。

I 法式吐司的法文是「pain perdu」呢。

Y 意思是「失敗的麵包」。希望讓乾硬麵包恢復美味的構想做出了這款甜點，不過用法棍麵包做總是有剩飯感，於是餐酒館或咖啡館便用布里歐許以消除這種感覺。

I 法式吐司的起源地在法國嗎？

Y 西班牙也有類似的麵包，所以我覺得不是。不過，有趣的是在西班牙，牛奶、雞蛋、糖是分別添加的。也就是說，先把麵包泡在牛奶中，再沾滿充分打發的雞蛋。然後用橄欖油煎，最後撒上肉桂糖粉。雖然步驟不同，一入口卻是肉桂法式吐司的味道。英國的**麵包布丁**＊18也是法式吐司的親戚喔。我猜這是因為在將主食麵包劃入甜點項目的飲食文化圈中，想方設法地將變硬的麵包做成甜點的靈感，同時出現在各地。試著尋找的話或許會在其他歐洲國家發現法式吐司的親戚。

I 其實法式吐司和布里歐許很類似。只差在是後續再把原味麵包泡在雞蛋或牛奶中，或是一開始就揉入麵團內。

Y 確實如此。我的食譜稍微參考了前述西班牙法式吐司的作法。既簡單又隨意喔。

I 務必要教我怎麼做。

Y 當然！不過請不要因為太簡單而嚇到喔（笑）。

▼ 食譜2—**用布里歐許做法式吐司** ↓第100頁

＊18　麵包布丁

將變硬的麵包放進加了蛋液的糖水中泡軟，再放進烤箱烘烤。在歐美各國很常見，用來做浸泡液的材料，除了雞蛋外還有甜味劑、油脂等依各國而異。

丹麥麵包

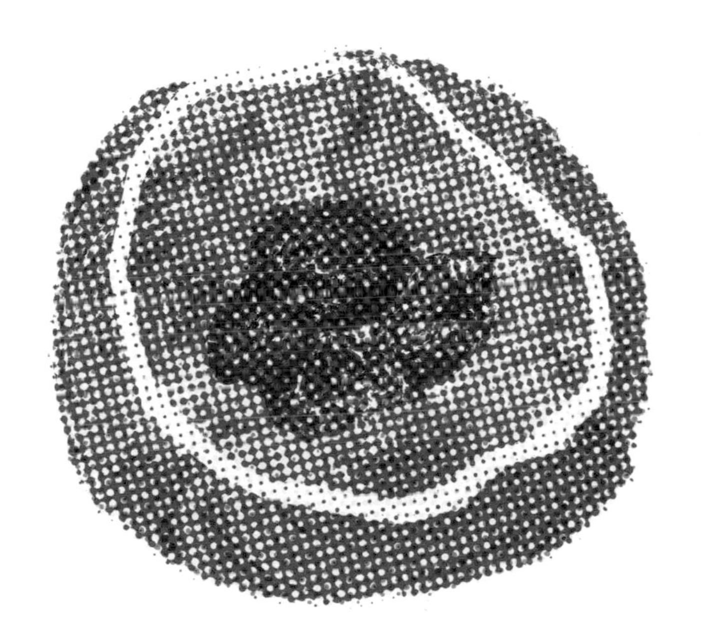

是維也納風味還是丹麥風味？

I 我記得剛接觸到如丹麥麵包、可頌麵包之類的摺疊酥皮時，覺得好奇妙。到底，疊了多少層呢？雖然想一片片地剝下來算，卻做不到（笑）。要如何將多到數不清的酥皮疊成麵包，心中對麵包店肅然起敬。因為我以為是一片片擀平再疊起來的。小學生的我還不懂乘法（笑）。

遇到有「丹麥的麵包」之意的道地丹麥麵包是在Jensen（第35頁）。心想居然有這麼棒的地方，好想每天都來這裡吃丹麥麵包當早餐。

Y 我在大學時去吃過，印象特別深刻。不是時下那種漂亮店家，造型樸實就像平凡至極的鎮上麵包店，讓人相當有好感，店內擺了許多從沒見過的丹麥麵包，就像在丹麥的麵包店……。

I 店主和田先生在丹麥的麵包學校修業結束，取得大師（meister）資格。居然做出這麼多種丹麥麵包。不僅造型連名稱也是，**Smør Kager**（奶油蛋糕）或**Smør Birkes**（罌粟籽奶油麵包）等，都是沒聽過的名字。我最喜歡**Smør Snail**（奶油捲麵包）（3者的照片在第112頁）。是包了肉桂和砂糖奶油的漩渦狀丹麥麵包。在其他地方吃不到的味道。這是道地的丹麥風味，邊吃邊神遊沒去過的異國。

Y Smør Snail直接翻譯是「奶油捲」的意思，不過裡面還加了肉桂呢。

I 我問和田先生「為什麼吃起來丹麥味這麼濃？」，他回說「或許是加了比較多奶油吧」。在丹麥好像規定，只有麵團中加了60％以上奶油的麵包，才可以被稱做維也納麵包（wienerbrød）（丹麥麵包）。

Y 就算在丹麥也稱丹麥麵包是有「維也納風味麵包」之意的維也納麵包呢。

法國也是這樣。丹麥麵包的同類可頌麵包或巧克力可頌都叫做維也納甜麵包（第87頁），是「維也納物品」的意思。

在紐約，好像從很久以前就用「丹麥酥（Danish Pastry）」來稱呼裏油類的食物。您不覺得日本的丹麥麵包是從美國傳進來的嗎？

I　最早的丹麥麵包是透過ANDERSEN從丹麥傳過來的，不過確實有受到美國或法國的影響。麵包是移動的物品。首先，從炫耀皇室奢華，飲食文化進步的地區維也納，來到丹麥成為摺疊發酵酥皮。因為那裏是酪農業王國，國民相當喜歡奶油，所以獨自進行演化。再傳到美國時，「維也納風味麵包」便改名為「丹麥風味」。麵包會移動到某塊土地上，在那裏完成自我進化的同時，也呈現出不同風貌。我想先採訪丹麥麵包引進日本的經過。

▼Column3 | **ANDERSEN 創業物語**　↓第118頁

可頌麵包誕生的諸多傳說

I 可頌麵團和丹麥酥皮麵團，嚴格來說是不一樣的吧。

Y 就記錄世界麵包食譜的書《Le Grand Livre du Pain（麵包全集）》中所寫，包裹奶油的麵團中，可頌是在麵粉、鹽、水、酵母粉等基本材料中加入砂糖和奶粉。丹麥麵包則是基本材料加奶油和雞蛋。

I 很多麵包店覺得做成甜味就是丹麥麵包。我想有半數以上都直接拿可頌麵團來做。其實，做出美味可頌麵包的店，一定是因為丹麥麵包也做得好吃。

Y 我了解這項理論。說到可頌，2014年我和在紐約經營小出版社的朋友合寫了《**Paris Croissant Map**》*1（All-You-Can-Eat Press）。走訪試吃了約100個巴黎的可頌麵包。裡面網羅了巴黎所有好吃的可頌麵包喔！

I 我看過，是很棒的手冊！

Y 謝謝。那時，也翻閱了不少歷史資料，不過根據法國出版的《Dictionnaire Universel du Pain（麵包百科全書）》記載，可頌麵包的作法是瑪麗安東妮從奧地利嫁過來時，由隨行人員中的維也納麵包師傅所傳入這樣的說法似乎是錯的。

I 我很單純地相信了。超愛維也納甜麵包甚至揚言「沒有麵包就吃布里歐許啊」的公主，結婚時從維也納帶來很多手藝精湛的麵包師傅這樣的逸聞，不是很有趣嗎（笑）。

Y 或許有帶師傅過來呢。不過，聽說沒有明確的資料記載他們傳入可頌製法的史實。關於在巴黎誕生的可頌麵包，提出的說法中最有根據的是，名為August Zang的人於1839年左右在巴黎開設維也納風味的麵包店，那時賣的新月狀維也納麵包「Kipferl」。聽說這款麵包相當受歡迎，在巴黎很多麵包店紛紛仿效製作。因為不好取相同的名字，便命名為「可頌（croissant）」。傳聞那時的可頌麵包，還不是用現在這種摺疊麵團製作，而是牛奶麵包般的麵團。到了20世紀，出現摺疊麵團的種類，便發展為現在的可頌麵包。不管如何，可頌麵包的原型來自維也納風格是不爭的事實。

I　在維也納做出新月狀麵包的來龍去脈也是說法不一呢。最有名的是為了紀念擊退攻打維也納的鄂圖曼帝國，而仿照土耳其國旗上的月亮烤出新月狀麵包。有時會在Kipferl德國麵包店中看到。NATURAL LAWSON＊2的紅豆牛角很有名吧。那和可頌麵包完全不同。我覺得比起製作新月狀麵包的人，發展出用折疊麵團製作的人留名青史比較好（笑）。

＊1　Paris Croissant Map

＊2　NATURAL LAWSON
LAWSON旗下以販售健康商品為導向的便利店。店內烤箱提供現烤的麵包。

日本的美味可頌麵包和丹麥麵包

Y 日本麵包店中哪家做的可頌麵包好吃？

I Katane Bakery（第29頁）的**可頌麵包**（第112頁照片）很好吃喔。吃了這裡的可頌，就會覺得質地鬆軟形狀高聳的丹麥麵包或可頌麵包比較美味。像是要裂開的力量或氣勢。我買的時候都會留意此處。

Y 我喜歡外表帶點「濕潤感」的麵包。好像奶油會從可頌尖端冒出來的感覺……。

I 名古屋**baguette rabbit**＊[3]的可頌麵包就很棒。加了店內石臼磨的三重縣麵粉製作。我覺得小麥麩皮和奶油非常速配。用這種麵團做的**焦糖香蕉丹麥麵包**（第112頁照片），令人感受到麵粉和水果兩者食材的協調性。

Y 那些店的丹麥麵包好吃？

I 我去過北海道帶廣名店滿壽屋（MASUYA）麵包的分店**芽室窯（Memurogama）**＊[4]。那時吃了丹麥麵包上鋪滿玉米粒的玉米丹麥麵包（期間限定，目前不供應）。是小農竹內先生早上現採的玉米，非常香甜，從沒吃過那麼好吃的玉米。聽說玉米的甜度會隨著時間經過遞減，沒到產地吃不到這麼美味的玉米。算是麵包店和小農的絕佳組合。

Y 剛採收的香甜玉米會讓人上癮啊。

I 京都有家名為**Germer**＊[5]的店，這裡的可頌和丹麥麵包也非常好吃喔。好像是用今日剛進貨的水果製作丹麥麵包。為了讓顧客吃到最美味的那一刻，也隨時修改作法。就像壽司店那樣的麵包店啊。我去的時候是柑橘系列的丹麥麵包。下單後才剝開果皮聞香，我想那絕對很好吃。因為若是橘子或柳橙，我希望吃到最新鮮的果汁和麵包。咬到放在丹麥麵包上的水果時，薄膜隨之破裂……，這不是無敵美味嗎。

Y 我到京都一定要去吃。

I　我希望百合子女士去吃吃看**CUPIDO！**＊6的**丹麥麵包**（第112頁照片）。相當注重餡料搭配時的香氣。例如，洋梨和藍黴起司等。丹麥麵包體超越烤熟的境界，而是徹底烤透。因此烤出奶油香氣撲鼻且口感酥脆的麵包。卡士達奶油就像在法國吃過的那麼濃郁，各具特色的奶油和丹麥麵包融合結為一體的模樣，令人食指大動啊。

Y　我有朋友是西荻窪 à tes souhaits！可頌麵包的擁護者……。

I　我也很喜歡。口感相當輕盈呢。既有經典的輕柔感，又充滿奶油風味。

365日杉窪先生經營的店賣的可頌麵包也都很好吃，不過最令我驚豔的是名古屋的**terre à terre**＊7（第113頁照片）。咬開後的斷面可以看到金黃油亮的奶油。層次完整，未融化的奶油保留其間。因此風味十足口感絕佳。

Y　杉窪先生在BLUE JAM（第63頁）的廚房熱心解說奶油摺疊法的身影令人印象深刻。若是用在法國學到的摺法會造成奶油分布不均，因此提倡不同看法，思索出讓奶油分布均勻的摺法。

＊3　baguette rabbit
愛知県名古屋市名東区社口1-916
052-779-0006
9：00～19：00　週二、三公休
baguette-rabbit.com
店內所有麵包使用自家大石臼研磨的三重縣產小麥西香糯麥製成。以地產地銷的方式製作重視麵粉風味的麵包。

＊4　滿壽屋麵包　芽室窯
北海道河西郡芽室町
東めむろ3条南1-1-1
めむろファーマーズマーケット西隣
0155-62-6966
9：00～17：00
（披薩區10：00～16：30　LO）
週四公休
使用100%當地生產的麵粉，是穀倉地區十勝廣為人知的烘焙坊。這家分店的招牌商品是窯烤披薩。

＊5　Germer
京都府京都市左京区浄土寺西田町3
075-746-2815
12：00～22：00
（午餐13：00～15：00　酒吧18：00～）
週一、第2、4週週二公休
kyoto-germer.com
外觀宛如酒吧，實際上卻是烘烤麵包且有外帶服務的「烘焙坊酒吧」。岡本幸一主廚在櫃檯陪著顧客並提供餐點、甜點、麵包及葡萄酒。

＊6　CUPIDO！
東京都世田谷区奥沢3-45-2 1F
03-5499-1839
10：00～售完為止　不定期公休
www.cupido.jp
主廚東川司在法國遇見可頌後，立志成為麵包師傅。依麵包種類選用法國生產的麵粉和數種發酵麵團。

＊7　terre à terre
愛知県名古屋市東区泉3-28-3 B1F
052-930-5445
8：00～19：00　全年無休
www.terreaterre.jp
杉窪章匡旗下位於中部的店。使用岐阜玉泉等地區的小麥、食材。附設的咖啡館也提供香濃鬆軟的鬆餅。

Katane Bakery
可頌麵包
第110頁

baguette rabbit
焦糖香蕉丹麥麵包
第110頁

CUPIDO！
丹麥麵包
（配料依季節而異）
第111頁

Jensen
Smør Kager
第106頁

Jensen
Smør Birkes
第106頁

Jensen
Smør Snail
第106頁

法國的丹麥麵包

Du Pain et Des Idées
開心果巧克力麵包捲
第114頁

Dominique Saibron
tournicotis
第114頁

皮埃爾艾爾梅
Ispahan可頌麵包
第114頁

terre à terre
可頌麵包
第111頁

C'est une bonne idée
開心果麵包捲
第114頁

I 同樣是杉窪先生經營的 C'est une bonne idée（第31頁）賣的**開心果麵包捲**（第113頁照片），也很好吃喔。是加了開心果卡士達醬的組合。

丹麥麵包的日本味與法國味

Y 目前，日本麵包店賣的丹麥麵包，大多是什麼類型呢？

I 基本上都是卡士達和水果的組合。一般普遍認為丹麥麵包還是和水果最對味，然而這在法國也是這樣嗎？

Y 就法國而言其實並沒有水果這類的選項呢。丹麥麵包類就像是可頌麵包或巧克力可頌吧。或者是在奶油麵包那篇出現過的 Orane（第29頁）之類的麵包。有一些葡萄乾麵包捲不是用布里歐許而是用可頌麵團製作。

I 在巴黎的 **Du Pain et Des Idées** *8，販售的麵包捲不是取名為葡萄乾麵包捲而是以蝸牛（escargot）命名，那裡的**開心果巧克力麵包捲**（第113頁照片）超級好吃。

Y 那家店有檸檬&牛軋糖等各種麵包捲，都很好吃。14區的 **Dominique Saibron** *9 也以 **tournicotis**（第113頁照片）之名稱呼漩渦狀麵包捲，種類豐富都很好吃喔。

I 法國的麵包在種類上感覺沒有什麼變化，有做得像日本的麵包嗎？在巴黎您有最推薦的維也納甜麵包嗎？

Y 有好多地方都想推薦，不過**皮埃爾艾爾梅（Pierre Hermé）** *10 大師製作的期間限定可頌麵包堪稱絕品。口味以時期而異。我吃過結合覆盆子、荔枝和玫瑰風味的 **Ispahan 可頌麵包**（第113頁照片），令人想大嘆「天才艾爾梅！」糕點界的畢卡索！」。

I 聽起來好好吃喔！我吃過用於馬卡龍的 Ispahan 製成的蛋糕，覺得像是甜點譜成的詩句。順帶一提，讓可頌麵包吸飽玫瑰糖漿再吃很美味喔。

Y 聽起來就很好吃。在法國，維也納甜麵包的類型就如同池田先生所言看似沒有增加。不過，布列塔尼區的鄉土甜點法式焦糖奶油酥（Kouign Amann）不僅風靡一時，很多地方直接沿襲照做。在巴黎開了很多家做成小塊焦糖奶油酥販售的 MOF（法國最佳職人獎）店，相當受歡迎。

I Kouign Amann 是布列塔尼的方言，意思是「奶油甜點」。

Y 是啊。在配方上各家不一樣，舉其中一個例子來說，用 300g 麵粉、鹽、水、酵母菌揉成麵團，再揉進 250g 有鹽奶油和 250g 砂糖。奶油和砂糖的用量都很多。烤完後奶油和砂糖融合形成焦糖，產生軟黏的獨特口感。在法國即使烹調基本上都用無鹽奶油，但因為布列塔尼區使用有鹽奶油，味道鹹甜。不過，焦糖奶油的芳香在口中擴散開來，剛好適合鹹甜味。日本或巴黎是烤成小塊狀，當作維也納

＊8　Du Pain et Des Idées
34 rue Yves Toudic 7501 0 Paris
dupainetdesidees.com
以硬麵包朋友麵包（Pain des amis）聞名的烘焙坊。在日本也開了專攻麵包捲等維也納甜麵包的姊妹店 RITUEL。

＊9　Dominique Saibron
77 avenue du Général Leclerc 75014 Paris
Dominique-saibron.com
2008 年在日本展店，用法國奶油製成的可頌麵包，購買人潮大排長龍。於 2015 年退出日本。

＊10　皮埃爾艾爾梅
立於法國糕點界頂端的西點主廚。從馥頌（Fauchon）到拉杜麗（Ladurée），累積名店西點主廚的經驗，在日本開設冠上自己姓名的「巴黎皮耶爾艾爾梅」1 號店。目前以法國和日本為中心在全世界展店超過 45 間。
www.pierreherme.co.jp

甜麵包販售，但布列塔尼區賣的是大塊奶油酥，多是像**蛋糕般分切食用的類型**＊11。

I 帶著丹麥麵包會放水果的想法到法國的話，會覺得不太對勁呢。位於神戶的 Comme Chinois ＊12以丹麥麵包上放了大量水果的作法而聞名，席捲日本丹麥麵包界。即便蛋糕店也是以水果用量豐富的最受歡迎，像 Qu'il fait bon 等。

Y 因為日本人很喜歡水果呀。如此看來，日本的丹麥麵包，就像麵包界的「塔點」呢。麵包師傅以丹麥麵包為基底，擠入奶油，努力放上色彩豐富的水果。

I 麵包師傅會覺得自己在做甜點吧。

Y 結果就做成「甜麵包」了（笑）。

＊ 11 像蛋糕般分切食用的類型

＊ 12　Comme Chinois
兵庫県神戸市中央区御幸通 7-1-15
三宮ビル南館地下
comme-chinois.com
8：00 ～ 19：00　週二公休（也會不定期休假）
Ça・Marche 的現任主廚西川宮晃大展長才的店。利用當天進貨的季節性食材做成麵包的手法為店內帶來衝擊性。

Column 3

ANDERSEN 創業物語

1947年從中國復員歸來的高木俊介和ANDERSEN的創辦人彬子在廣島結婚，最先販售的商品是野草糰子和海藻糰子。那是從現在ANDERSEN華麗的店面想像不到的事情。

約1年後，在廣島市比治山成立「高木麵包」[1]。俊介念念不忘的是扣留新加坡期間吃的英式山型吐司。因此在手工打造的磚窯中，投入彬子拉著推車收集來的木柴烘烤麵包。並導入磨麥機，留下配給物品中色澤偏黑的麵粉，用磨麥機去除麩皮恢復成白色麵粉並做成麵包。磨去麩皮會減少體積，即便如此還是想達到吃美味麵包的需求。就算價格昂貴也會在黑市採買砂糖、奶油和雞蛋，在普遍使用報紙當包裝紙的情況下選用白紙。提供優質生活的理念讓ANDERSEN有別於其他麵包店，成為成功的原動力。

1959年開設多家店舖，成功推出「本通服務中心」讓神戶請來的廚師做出道地三明治後，俊介參加了日本麵包技術研究所主辦的歐洲視察團。搭了48小時的螺旋槳飛機前往歐洲，走訪義大利、法國等9個國家。最後去的是丹麥。俊介吃了飯店早餐供應的丹麥麵包後說了一句話「這是什麼？」。

當時的俊介就像是全身如遭電擊般靈感湧現吧。立刻打電報回日本。師傅們為了重現從未見過的麵包反覆試作，失敗品堆積如山。丹麥麵包商品化是3年後的1962年。但那是美式丹麥麵包，和高木俊介吃過的丹麥境內的丹麥麵包不同。

1967年，結合烘焙坊和餐廳的大型旗艦店「廣島ANDERSEN」[2]成立的隔年，技術人員Walter Jan Petersen[3]自丹麥來到日本，傳授道地的丹麥麵包。和麵團中也加入油脂的美式丹麥麵包不同，因為這只在摺疊時添加油脂，呈現派皮般的酥脆口感。ANDERSEN的師傅學到了讓高木俊介感動不已的丹麥麵包製作技術。

1970年，成立青山ANDERSEN[4]。藉由醒目的廣告詞「將哥本哈根的街頭搬來青山通」，位居中心的丹麥麵包，大獲成功。至今在全日本的麵包店都看得到的黑櫻桃丹麥麵包也是這時上架的商品。

ANDERSEN丹麥麵包的美味祕訣是麵粉的混合比例。該比例會影響到酥脆感。摺3次3摺，邊把麵團放進冰箱冷藏邊摺。利用低溫進行發酵等作業中，隨處可見費心不讓奶油融化的巧思。

多數日本人沒見過的丹麥當地麵包就在青山。日本饕客終於可以在日本吃到相同品質的麵包，是ANDERSEN的一大功績。（I）

參考文獻：《ANDERSEN物語》（一志治夫著，新潮社）、《筆盒》第20號（白鳳堂）、《每日，麵包。》（城田幸信著，主婦與生活社）

1

1

3

2

4

4

ANDERSEN

www.andersen.co.jp

1959年，創辦人在丹麥吃到丹麥麵包後大受感動，推出日本最早的丹麥麵包。以丹麥為範本，同時經營小麥田的培訓設施，致力介紹麵包文化。

蘋果派

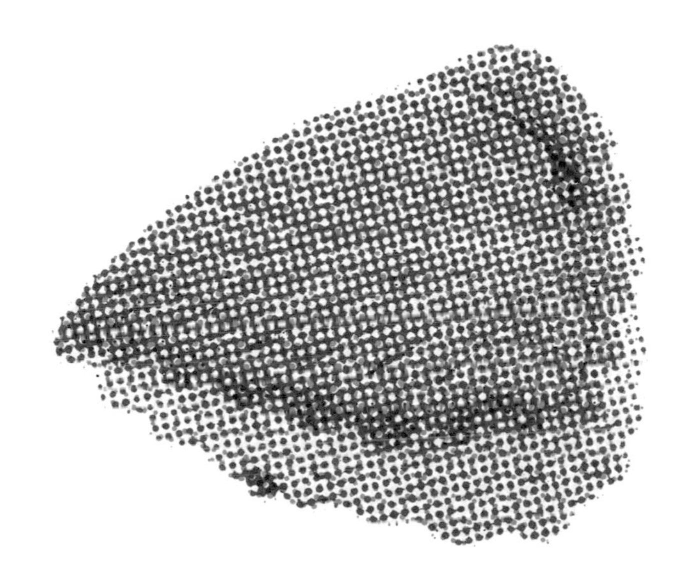

蘋果是蘊藏可能性的水果

Y　蘋果在日本隨手可得，所以思索用蘋果來製作甜點的食譜，對甜點研究家的我而言是一項大任務（笑）。即便在歐洲蘋果也是最常見的水果，因此我隨時都在搜索資料。以前，曾在雜誌的企畫下，到諾曼第區旅行尋找蘋果甜點。當時吃到的蘋果派超級美味……。因為是當地麵包師傅做的，只將新鮮蘋果切成扇形片揉入硬麵包的麵團中而已。

I　諾曼第是蘋果產地，那一定很好吃吧！

Y　是在巴黎沒吃過的麵包類型。利用烤麵包的熱度，將蘋果烤熟，吃起來濕潤柔軟，卻不像糖煮蘋果般黏膩，相當好吃。

I　我以前也吃過麵包界大師**山崎豐**＊1先生，將新鮮蘋果直接混入麵團中做成的法棍麵包。麵團吸飽蘋果果汁兩者相當契合，美味得無以復加。

Y　塗上奶油再吃也很好吃吧。

I　我吃過 Loin montagne（第99頁）用新鮮蘋果做的蒸麵包，相當柔軟且多汁，超乎預期的好吃。我覺得加了新鮮蘋果的麵包相當可行。

以下這個不是用新鮮蘋果做的，布列塔尼區的 MOF（法國最佳職人獎）Ludovic Richard 監製，名為 **VENT DE LUDO**＊2的麵包店販售的**蘋果蕎麥粉麵包**（第132頁照片）。蘋果和蕎麥粉非常對味。是充滿布列塔尼名產蕎麥粉法式煎餅（galette）和蘋果酒（cidre）風味的麵包。

Y　簡直是同一產地商品的完美結合。諾曼第區和布列塔尼區為鄰因此氣候相似，都盛產蘋果、蕎麥粉、奶油等名產呢。

I　布利起司是位於諾曼第南方巴黎所在地法蘭西島區的特產，**CAMELBACK sandwich & espresso**＊3店內名為「**布利起司、蘋果、蜂蜜協奏曲**」（第132

頁照片）的法棍三明治，非常好吃。各項微甜的食材交疊，演奏出和諧曲調。

Y 歐美也用蘋果入菜喔。如蘋果豬肉捲等。像法國的血腸（用血製成的黑臘腸）會附上香煎蘋果當配菜。將蘋果當成微甜蔬菜使用的話，可運用的範圍相當廣泛。

I 蘋果派說起來……原本是美國的食物吧。

Y 雖說有相當高的可能性是源自帶來蘋果的歐洲，不過現在是美國的代表性食物呢。《吃在美國》（平松由美著、駸駸堂出版）書中寫到，美國人最喜歡媽媽、星條旗和蘋果派。蘋果的切法、蘋果是否要加熱備用、要不要蓋滿派皮表面等，問100位媽媽就有120種蘋果派的作法。我對100個人卻不是100種作法這件事相當感興趣。

I 有家位於淺草，名為**粉花**＊4（第132頁照片）的麵包店做的蘋果派很棒喔。外觀也非常漂亮，烤得金黃閃亮。

Y 麵包店最近流行用蘋果做成什麼麵包？

I 麵包店也有蘋果派，不過以丹麥麵包類居多。一到蘋果的季節，德多朗（第23頁）就會推出蘋果丹麥

＊1 山崎豐
成立BURDIGALA、日本Gérard Mulot的超級名廚。在歐洲修行累積豐富的經驗，對西洋飲食文化造詣頗深，目前在日本和亞洲擔任技術指導。

＊2 VENT DE LUDO
東京都世田谷区等々力2-19-15
03-6809-7405
10：00～20：00　不定期公休
www.palaisdepain.co.jp
以布列塔尼區為據點的MOF，Ludovic Richard先生監製的店，家內的產品多使用蕎麥粉、蓋朗德（Guerande）鹽、發酵奶油等來自布列塔尼區的食材。

＊3 CAMELBACK sandwich & espresso
東京都渋谷区神山町42-2 1F
03-6407-0069
10：00～19：00　週一公休
www.camelback.tokyo
前壽司師傅分別搭配365日、Tarui Bakery、Katane Bakery的法棍麵包，融入感性和技術製作三明治及義式咖啡的店。

＊4 粉花
東京都台東区浅草3-25-6 1F
03-3874-7302
10：30～售完為止
（咖啡館不定時營業）
週日～二、假日公休
asakusakonohana.com
這家麵包咖啡館用葡萄培養出的液種老麵和日本國產麵粉製成的麵包頗受好評。店內擺滿姊妹倆收集的可愛物品。

糖煮蘋果（pomme pochage）

材料／容易製作的分量

蘋果——1個（約250g）

水——200ml

砂糖——20g

作法

1 蘋果充分洗淨，削除果皮和果核切成16等分月牙形。果皮備用。

2 鍋中倒入分量用水、砂糖和1的蘋果皮，開大火加熱。

3 2煮沸後轉小火，加入1的蘋果。

4 蓋上鍋中蓋燉煮約20分鐘。

食譜2

烤蘋果（pommes au four）

材料／容易製作的分量

蘋果（選用紅玉）——1個
砂糖——10g＋5g
奶油——10g

糖漿
水——100ml
砂糖——10g

作法

1 蘋果充分洗淨，用湯匙挖除果核並小心不要貫穿底部，拿叉子在整顆蘋果上戳洞。
2 將1放在耐熱容器上，取10g的砂糖和奶油均勻抹在蘋果中心孔洞和果皮上。
3 放入預熱到180℃的烤箱中烤30分鐘。
4 取一小鍋倒入糖漿用水和砂糖，開大火煮到砂糖溶解。
5 從烤箱中取出蘋果淋上4的糖漿，撒上5g的砂糖。
6 再把5放入烤箱中烤30分鐘。中途約打開烤箱2次將留到耐熱容器上的汁液繞圈淋在蘋果上。（Y）

麵包。甜中帶酸，搭配丹麥麵包的奶油令人相當滿足。我看過老闆娘德永久美子女士細心熬煮跟青森小農採購來的蘋果。染成粉紅色的外觀相當漂亮，製作時的神情也充滿愛心。

Y 好想吃吃看啊。

蘋果泥不是compote

I 我吃到巴黎Poilâne（第15頁）的**蘋果香頌派**（Chaussons aux pommes）（第132頁照片）時相當感動。暗嘆這是什麼啊。無論是裡面的蘋果餡還是派皮，被素材深深打動。

Y 可以說是樸實至極吧，明明只有麵粉、奶油和蘋果，卻多汁美味。派皮的美味度也很重要。池田先生以前說過「無論是紅豆麵包或咖哩麵包，咬下麵包體的瞬間就能了解麵包師傅的手藝。要是覺得單吃麵包體不好吃的話，麵包師傅就輸了」，我認為派皮也同樣說得通。

I 我忘不了Poilâne蘋果香頌派那濃郁的小麥風味和蘋果美味高度結合的感覺。

Y 雖然用的是法國的麵粉和奶油，但蘋果種類也不同吧。有相當多水分含量少，如紅玉般適合烹調的品種。我也很推薦Poilâne的蘋果塔。另外，也常吃**Fauchon**＊5（馥頌）的蘋果香頌派。

I 請問法國的蘋果香頌派和日本的蘋果派有什麼不同。

Y 法國的蘋果香頌派，有別於可頌或巧克力可頌，是用摺疊派皮做成的維也納甜麵包之一。裡面包了**蘋果泥（compote）**＊6。日本的蘋果派是在表面鋪上格紋派皮，裡面放入新鮮蘋果或糖煮蘋果（fruits pochés）。

I Fruits pochés？不就是口感爽脆的糖煮蘋果？

Y　在日本稱作「compote」的糖煮水果，在法文中叫做「fruits pochés」。fruits pochés 所指的是外形完整的糖煮水果。就像水果罐頭般的甜食吧。法國的 compote 指的是像果醬（confiture）般看不出水果原形的食物。

I　咦！那 compote（果泥）和 confiture（果醬）有什麼不同？

Y　Compote（果泥）添加的砂糖用量比 confiture（果醬）少，所以保存期限短。基本口味是蘋果，其他還有西洋梨、杏桃、水蜜桃等。

I　那如何區分果泥、果醬和糖煮水果的用途呢？

Y　果泥用於甜點或嬰兒副食品、果醬塗在麵包上、糖煮水果則是甜點製作食材吧。

I　啊，法國優格底部放的就是果泥吧。蘋果香頌派也是用這個做的。

＊5　**Fauchon**
24-26, 30 place de la Madeleine
75008 Paris
www.fauchon.com
巴黎瑪德蓮廣場上開業超過 100 年的老店。不僅有紅茶和果醬，各項食材齊全的高級食品店，麵包和甜點也頗受好評。

＊6　蘋果泥（compote）

製作美味蘋果麵包

蘋果是容易取得的水果。受到池田先生「麵包中可以放新鮮蘋果」等話語的刺激，試著用蘋果和麵包製作好吃的蘋果麵包，尋求美味組合。新鮮現夾的多汁蘋果、和起司一起烤過的微甜蘋果、用甜煮蘋果或烤蘋果搭配麵包產生相乘效果的美味等，這些蘋果陸續展露出新面貌。呈現在麵包大門外的廣闊新蘋果世界。（Y）

吐司+奶油
蘋果+卡芒貝爾起司

吐司塗上奶油，放上切得很薄的帶皮蘋果片。再放上切成5㎜厚的卡芒貝爾起司，放進小烤箱烤。依喜好撒上黑胡椒即可。

法棍+奶油
蘋果

法棍麵包水平切成2等分，其中一片塗抹奶油。蘋果連皮切成薄片排在麵包上，再蓋上另一片法棍麵包即可。

吐司+奶油
糖煮蘋果+肉桂粉
鮮奶油

吐司塗上奶油，放進小烤箱烤。烤好後擺上糖煮蘋果（第124頁），撒上肉桂粉，附上打發的鮮奶油即可。

吐司+奶油
藍黴起司+蘋果
+
蜂蜜

吐司塗上奶油，放上撕碎的藍黴起司，放進小烤箱烤。烤好後擺上切成細條狀的帶皮蘋果絲，繞圈淋入蜂蜜即可。

可頌
焦糖蘋果+新鮮迷迭香

取1顆蘋果去皮切成扇形片，放入40g砂糖加1大匙水煮成的焦糖中，熬煮到水分收乾做成焦糖蘋果。可頌從中間橫向切開放入小烤箱烤，夾入焦糖蘋果和撕細的迷迭香葉片即可。

布里歐許吐司
烤蘋果
鮮奶油

烤蘋果（第125頁）附上烤過的布里歐許吐司和打發的鮮奶油即可。

用蘋果點亮災區的希望之燈

Y 池田先生在陸前高田市種下蘋果樹，做為振興東北的事業呢。

I 蘋果樹生長在可眺望大海的山丘上，是片景色宜人的土地。蘋果田因海嘯或小農高齡化漸漸萎縮，我想反過來增加栽種面積就能吸引很多人造訪。位於法國中部中央—羅亞爾河谷區的 **Hôtel Restaurant Tatin** ＊7就是翻轉蘋果塔的發源地，聽說雖然位置偏僻，卻有很多人專程到那裏吃蘋果派。我的夢想是打造一間麵包店，能用蘋果做出那麼有名的麵包。

Y 實際上也用採收的蘋果製作麵包吧？

I 將受傷或果色不明顯，價格差但不影響食用品質的蘋果送給麵包店使用，聊表支持之意。開頭介紹過的山崎豐先生、Loin montagne 的麵包就是其中一環。2014年秋天 Bonnet D'ane（第63頁）利用陸前高田的蘋果做出以瑪德蓮麵團為派餅基底的**蘋果塔**（第132頁照片）。蘋果的果汁滲入瑪德蓮餅皮內相當美味。

Y 看照片好像 **Tarte Fine（薄片塔）**＊8喔！

I 大家費盡心思製作麵包，令人欽佩不已。也告訴我們用同樣的素材競相創作是件多麼有趣的事。可以充分感受到他們的專業及對素材的用心。

Y 是這樣啊！還有什麼麵包呢？

I 像 nukumuku（第35頁）用糖煮蘋果搭配巧克力棒（**糖煮蘋果和巧克力棒**，第132頁照片）等。大阪老街商店 **GLOIRE** ＊9利用窯爐烤乾蘋果後，浸泡於蘋果白蘭地中，再混入麵包。還有位於茗荷谷的麵包店，**MAHL ZEIT** ＊10製作的**烤蘋果**（第132頁照片）。由於果汁會流出來，便仔細地將果汁倒回蘋果中。因為對食材懷有感恩之情吧。這麼盡心盡力令人很感動。

Y 烤蘋果就是淋了多次果汁才好吃。

I Le Petitmec（第67頁）的西山先生也在蘋果小農來到東京時，做了烤蘋果。他說「雖然種了50年的蘋果，卻沒吃過這麼好吃的東西」。西山先生也說他在法國研習時代，對只用烤箱烤過的蘋果居然可以當甜點一事相當驚訝。我覺得法國的傳統烹調法真的很厲害。

Y 不僅蘋果，烤水果是法國家庭也能製作的甜點。要不要做烤蘋果和麵包一起吃的實驗？

I 我想烤蘋果搭配鮮奶油和布里歐許吐司等會很好吃。好像只要有蘋果汁和鮮奶油，再多的布里歐許都吃得下。我也樂見其他蘋果加麵包的美味吃法！

Y 那就來試試看吧。蘋果加麵包的美味吃法，是項讓甜點研究家技癢的實驗。

▼ **食譜1─糖煮蘋果（pomme pochage）** ↓第124頁

▼ **食譜2─烤蘋果（pommes au four）** ↓第125頁

▼ **實驗─製作美味蘋果麵包** ↓第128頁

＊7 Hôtel Restaurant Tatin
5 avenue de Vierzon 41600
Lamotte Beuvron
www.hotel-tain.fr
法文 Hôtel 念成「oteru」。位於中央 - 羅亞爾河谷區小鎮上19世紀就開業的飯店兼餐廳。經營者Tatin姊妹不小心先把蘋果放進烤模中，靈機一動便把麵皮鋪在上面，再倒扣做成塔點，這就是翻轉蘋果塔的由來。

＊8 Tarte Fine
法文「薄片塔」的意思。也有店家稱為 Tartelette · Fine。將蘋果薄片排在塔皮上，只撒上砂糖和奶油烘烤的簡單塔點。在巴黎除了蘋果外還有杏桃薄片塔。

＊9 GLOIRE
大阪府大阪市旭区人宮3-18-21
0120-517314
7：00～20：00　週三公休
www.gloire.biz
和老街關係密切的麵包店，陸續推出潘妮朵妮水果吐司（panettone）、金黃芝麻吐司等獨一無二的商品，擁有不可取代的地位。

＊10 MAHL ZEIT
東京都文京区大塚3-15-7
03-5976-9886
11：00～19：00
週日、假日公休
www.mahlzeit.jp
使用鮮乳培養的的牛奶酵母。搭配日本國產麵粉，圓潤柔和的甜味頗具特色。

Poilâne
蘋果香頌派
第126頁

Bonnet D'ane
蘋果塔
第130頁

nukumuku
糖煮蘋果和巧克力棒
第130頁

MAHL ZEIT
烤蘋果
第130頁

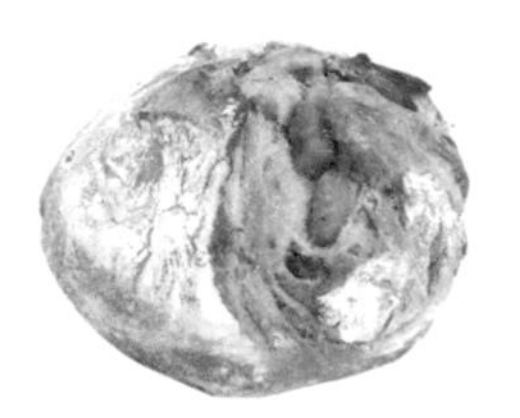

VENT DE LUDO
蘋果蕎麥粉麵包
第122頁

CAMELBACK sandwich & espresso
布利起司、 蘋果、 蜂蜜協奏曲
第122頁

粉花
蘋果派
第123頁

肉桂捲

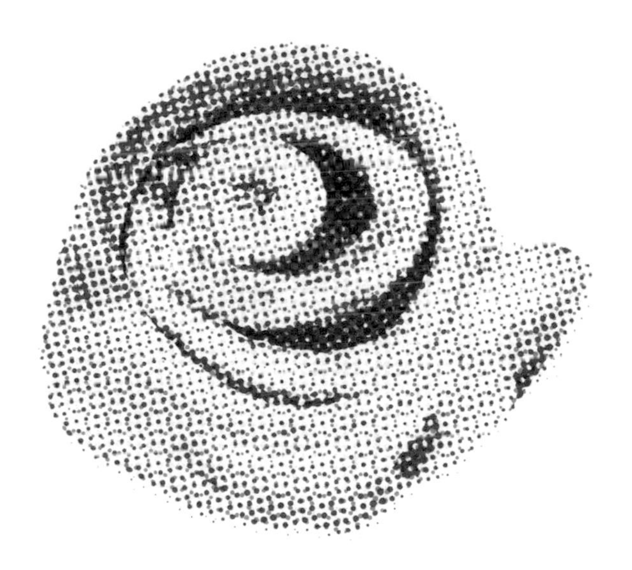

瞬間爆紅的肉桂捲

Y 我讀了《麵包實驗室》（白夜書房）的肉桂捲篇，池田先生熱烈地闡述關於肉桂捲的魅力呢！

I 雖然討論的很熱烈，但終歸一句話「肉桂捲是麻藥」。

Y 結論也太誇張了吧（笑）

I 我想被捲進肉桂捲裡面。

Y 哈哈。

I 品嘗肉桂捲，是從中間往外圍步步前進的旅程。想著中心令人發麻的甜美滋味忐忑地走下去。因為肉桂糖粉也是中間比較濃厚。

Y 聽說肉桂捲曾在日本爆紅過，那是什麼時候的事？

I 我不曉得確切的年份，但是應該大約是在美國CINNABON*1（第136頁照片）登陸日本和電影**「海鷗食堂」***2上映時。這兩個是引爆肉桂捲熱潮的導火線。

Y 我查了一下，CINNABON在1999年引進日本，於吉祥寺開設第一家店。「海鷗食堂」在2006年上映。兩者差了七年呢。

I CINNABON現在好像也掀起了人氣鬆餅和可頌甜甜圈的風潮。「海鷗食堂」給人橄欖色郵筒般的溫馨風格，結合北歐設計風的感覺。我大致上只掌握了這些。

Y 日本現有的肉桂捲口味和造型，是不是分成前者美系肉桂捲和後者歐洲本地的肉桂捲？

I 就如同您所說的。但在日本的北歐系，分成肉桂捲故鄉瑞典，和芬蘭兩種比較適宜。

Y 美系和北歐系，請告訴我們您各自推薦的店家。

I 美系有**汀恩德魯卡（DEAN & DELUCA）***3、

BLUFF BAKERY＊4、紀伊國屋＊5。北歐系則推薦BOULANGERIE L'ecrin＊6、moi＊7、Moomin bakery & café＊8、自由之丘 BAKESHOP＊9（除了紀伊國屋以外的照片都在第136、137頁）。

Y 果然厲害啊。

I 我現在列出的店家都不是用丹麥麵包麵團做麵包體，而是甜麵包麵團。在我的印象中，比起丹麥麵包，甜麵包麵團才是主流。**星巴克**＊10也是用甜麵包麵團。我大概吃了100次所以不會弄錯（笑）。

Y 在《麵包實驗室》當中也有列出星巴克的肉桂捲呀。

I 我最近知道愛上星巴克肉桂捲的理由了。店員問說「要加熱嗎」，我回答「是」，就會幫忙用烤箱加熱，那是星巴克獨創的烤箱，據說只要加熱烘焙甜點或三明治就能增添奶油香氣變得美味。

Y 那是魔法烤箱呢。

I 將紅豆麵包等放入自家微波爐加熱20秒左右，也會有濕潤、鬆軟的感覺吧。

Y 不過，用微波爐加熱的話，冷掉不是會變得超難吃？我傾向用小烤箱加熱。

＊1 CINNABON
www.cinnabon-jp.com
1985年於西雅圖誕生，在全世界擁有約1000家店面。使用CINNABON獨家種植、特製的Makara肉桂。麵包店剛出爐的肉桂捲，口感濕潤富彈性。

＊2 海鷗食堂
由小林聰美、片桐入、Masako Motai主演。在芬蘭赫爾辛基拍攝外景。作品中出現的美味肉桂捲出自人氣美食設計師飯島奈美之手。

＊3 汀恩德魯卡
www.deandeluca.co.jp
在日本開業的紐約食品店。美食精選店內的麵包種類也很齊全。司康、馬芬等麵包大小及選用的配料充滿濃厚的美國味。

＊4 BLUFF BAKERY
神奈川県横浜市中区元町2-80-9
モトマチヒルクレスト1F
045-651-4490
8：00～18：30　全年無休
www.bluffbakery.com
超級主廚榮德剛先生以在獨棟建築內製作所有知名美式麵包為概念而開設的店。

＊5 紀伊國屋 international
東京都港区北青山3-11-7
Ao ビル B1F
03-3409-1231
9：30～21：30　全年無休
www.e-kinokuniya.com
販售高級食材的連鎖超市。紀伊國屋 international 架上排滿全世界的麵包，自歐洲到美國、中東等都有。

＊6 BOULANGERIE L'ecrin
東京都中央区銀座5-11-1 1F
03-5565-0780
10：30～21：00　全年無休
www.lecringinza.co.jp/boulangerie
店內以知名法國料理店L'ecrin也選用的法棍麵包為主，還有割田健一主廚製作的童趣麵包。

BOULANGERIE L'ecrin
肉桂捲
第135頁

CINNABON
肉桂捲
第134頁

moi
肉桂捲
第135頁

汀恩德魯卡
肉桂捲
第134頁

Moomin bakery & café
肉桂捲
第135頁

BLUFF BAKERY
肉桂捲
第135頁

自由之丘BAKESHOP
肉桂捲
第135頁

CEYLON
肉桂捲
第142頁

在法國和英國出現的漩渦狀麵包

Rroll
麵包捲
第143頁

切爾西麵包（Chelsea Buns）
第146頁

I　是。用微波爐的話請趁熱吃完（笑）。星巴克除了幫忙加熱外，再加30日圓就能附上鮮奶油喔。而且，櫃檯上放有肉桂粉，可以撒在鮮奶油上。用刀叉切取肉桂捲沾著肉桂鮮奶油吃。這是別人教我的吃法，我試過一次後就像上癮般被制約了（笑）。

Y　知道達人的吃法了，真棒。下次一定要試看看。

迷人的香料香氣和獨特造型

Y　話說回來，美式肉桂捲的作法是，在攤開的甜麵包麵團上塗抹奶油並撒上肉桂糖粉，再如蛋糕捲般捲包起來切片烘烤。最後再繞圈淋上濃稠的糖霜，應該是這樣吧。

I　美式肉桂捲又叫「cinnamon bun（肉桂麵包）」。肉桂麵包外形蓬鬆高起，口感軟彈。北歐的感覺上比較紮實。我想就論肉桂捲的歷史而言，北歐比起美國來得更早。百合子女士在北歐吃過的肉桂捲味道如何？

Y　在我的印象中外層沒有糖霜而是撒上珍珠糖。在芬蘭或瑞典，我想幾乎都是珍珠糖。不過，丹麥的就不記得了。我查了一下，好像淋糖霜的比珍珠糖更普遍。

I　我喜歡的Jensen麵包Smør Snail（第112頁），不就是丹麥版的肉桂捲。上面也淋了糖霜！

Y　有可能喔。然後，我記得還有如肉桂般香氣撲鼻的荳蔻味。

I　北歐系肉桂捲最大的特色就是加了荳蔻。BOULANGERIE L'ecrin的肉桂捲也十分令人印象深刻。據說是根據來自「海鷗食堂」劇情中作為舞台的餐廳・Kahvila Suomi的研習生帶來的正宗食譜製作的。

Y　在北歐吃肉桂捲，讓人上癮的不是肉桂，而是荳蔻的香氣。荳蔻超強。

I　砂糖和香料的調和比例超出日本人的味覺呢。

Y　真的。香料多到都可以取名為「香料麵包」了。說到外形，我想「海鷗食堂」中也有拍出來，所以大家應該都知道，是芬蘭的特色造型。因為形狀相似又稱作「korvapuusti（拍耳朵）」。

I　這是芬蘭的傳統造型。先將麵團捲成圓柱狀，切成梯形，再用一根食指壓平中間部位。如此一來，切面朝上，外形就像被拍扁的耳朵或是眼鏡。我覺得好有趣喔。

Y　丹麥或瑞典是做成蝸牛，也就是**漩渦狀**[*11]。如葡萄乾麵包捲般的扁平漩渦狀，就不像美式肉桂捲那麼高。瑞典的造型複雜，是做成**網狀**[*12]（編織般的特殊外形）。共通點就是能清楚地看到層次部分吧。

I　美式肉桂捲的切面也很立體喔。我想雙方都有想展示切面的慾望吧。

Y　希望呈現肉桂糖粉的紋路呢。美式肉桂捲給人極甜的印象，北歐的不像美式那麼甜。話雖如此，但我吃過的美式肉桂捲不多，無從比較。

＊7　moi
東京都武蔵野市吉祥寺本町 2-28-3
グリーニイ吉祥寺 1F
0422-20-7133
週一、四、五 11：30 ～ 19：00、
週三 11：30 ～ 18：00、
週六、日、假日 12：00 ～ 19：00
週二公休
內部裝潢及菜單都洋溢芬蘭風格的咖啡館。招牌商品是以芬蘭家傳食譜為基礎，堅持呈現當地風味的肉桂捲。

＊8　Moomin bakery & café
東京都文京区春日 1-1-1
東京 Dome City LaQua 1F
03-5842-6300
8：00 ～ 22：00　LO（週日、假日、連假最後一天～ 21：00　LO）
不定期公休（比照 LaQua）
benelic.com/moomin_cafe
店內的肉桂麵包（pulla）榮獲在芬蘭赫爾辛基開業超過 200 年的老店 Ekberg 的認可。也是少數有販售 Hapanlimppu（譯註：黑麥麵包）、Perunalimppu（譯註：馬鈴薯麵包）等芬蘭麵包的麵包咖啡館。

＊9　自由之丘 BAKESHOP
東京都目黒区自由が丘 2-16-29
IDEE SHOP Jiyugaoka 4F
03-3723-2040
8：30 ～ 20：00
（週六、日、假日～ 22：00）
不定期公休
www.bakeshop.jp
結合烘焙、甜點、輕食、咖啡四種領域的複合式咖啡館。分別提供網狀肉桂捲和芬蘭 korvapuusti 肉桂捲。

＊10　星巴克
www.starbucks.co.jp
1996 年登陸日本的美國精品咖啡店。1986 年在美國西雅圖開業。以義式濃縮咖啡為主商品，並提供外帶服務，掀起一陣西雅圖風格咖啡的熱潮。除了肉桂捲和司康外，還有種類豐富的美式麵包。

用各種香料和香草植物做吐司

除了普遍可見的肉桂糖粉或香草糖粉外，搭配其他香料或香草植物是否對味，在好奇心的驅使下展開這項實驗。吐司烤過後抹上奶油，做成香料／香草吐司。選用的香料有粉紅胡椒、肉荳蔻、茴香子、孜然、荳蔻、多香果、葛縷子（照片上方由左往右、下方由左往右）、香草植物則用迷迭香（照片右下），並用砂糖中方便撒落的細砂糖和蜂蜜當甜味劑試作。選出左邊2種最佳組合。（I & Y）

葛縷子
+
細砂糖

葛縷子或荳蔻等氣味特殊且華麗的香料，加了甜味清澈的細砂糖，讓香氣更明顯。

迷迭香
+
蜂蜜

迷迭香和蜂蜜雖是不敗組合，但肉荳蔻和多香果等氣味強烈的香料搭配蜂蜜也能帶來相乘效果。

I　我的經驗也幾乎都是CINNABON和星巴克。若是CINNABON，融化的糖霜感覺就很甜呢。而且，肉桂香氣濃郁。剛開始會覺得「嗚！」，但只要吃過一次，就會上癮。我相當佩服CINNABON的推銷技巧。利用中間散發出來的肉桂香氣打動人心。就像鰻魚店的烤煙。

Y　被香味吸引而愛上呢。

I　有家名為**CEYLON** *13的肉桂捲專賣店，那裏的**肉桂捲**（第137頁照片）也令我驚艷。他們是從斯里蘭卡進口肉桂。光是香氣就令人陶醉。

Y　說到肉桂還是斯里蘭卡生產的品質最上乘。

收集香料製作甜吐司

I　您吃肉桂糖吐司之類的麵包嗎？

Y　超喜歡。最近也做多香豆糖吐司。製作**香料麵包**（Pain d'épices）*14時買的多香豆還剩很多。

I　沒想到那還不錯！

Y　薑粉的也很好吃喔。薑糖吐司，讚！多香豆和蜂蜜也很對味。

I　剛才出現在美味肉桂捲店家名單中的Moomin bakery & café，不只有肉桂，還放了荳蔻或薑粉，做成符合日本人口味的肉桂捲（品名是Cinnammon Pulla）。

Y　聽起來就很好吃。好想吃吃看！

I　砂糖加上各式香料做成香料糖粉，吐司＋奶油＋香料糖粉的實驗聽起來就很有趣。

Y　砂糖選用方便撒落的細砂糖，也將蜂蜜列入候選名單，如何？

I　蜂蜜的話和迷迭香粉應該很合拍！

▼實驗1—**用各種香料和香草植物做吐司**　↓第140頁

英國或日本也有漩渦狀麵包

Y 說到美系肉桂捲，我記得是用方形深烤模做的。

I CINNABON好像有提供切好的成品……。

Y 2014年，為了《70家巴黎美食店與產品》（誠文堂新光社）一書採訪巴黎的店家時，遇見名為**Rroll**＊15（第137頁照片）的漩渦狀麵包捲專賣創始店老闆娘，她說自己是參考美國食譜後開店的。老闆娘做的麵包捲是用深烤盤烤的。和那些將來自紐約的紐約食物在巴黎推廣開來的店一樣，以深烤盤製作肉桂捲或巧克力捲。雖然有別於星巴克的肉桂捲，但這也算是另一種類型的美式肉桂捲吧。圓滑的四方形，很可愛吧！

I 很可愛耶。用烤模烘焙口感也跟著改變了呢。我覺得這源於美式率性風格，貝果也是互相貼緊排在烤盤上烘烤。就算撕開緊黏的麵包時會傷到表面也不在意。然而，就另一方面而言，一次可以烤出大量成品頗具效率，而且下火的熱源不會竄到上面，因此內部容易烤熟。

＊11　漩渦狀

＊12　網狀

＊13　CEYLON
神奈川川崎市多摩区登戸1813
044 911 0017
14：00～售完為止
（週六11：00～）
週一、四、日、假日公休
Ceylon.jp/
為了引進在斯里蘭卡遇見的肉桂美味而開設的肉桂捲專賣店。使用豆漿降低甜度，鬆軟的口感頗具魅力。

＊14　香料麵包 Pain d'épices
法文「香料麵包」的意思。以蜂蜜添加甜味，加上數種香料，從以前流傳至今，說是歐洲最古老的甜點也不為過。外形和口感多樣化，從長崎蛋糕風味到餅乾風味都有，在法國以勃艮地區和阿爾薩斯區的最有名。

＊15　Rroll
3 rue Francoeur 75018 Paris
rroll.fr
蒙馬特山丘附近的麵包捲專賣店。受到美國和瑞典肉桂捲的啟發，提供可當餐點食用的鹹麵包捲和作為甜點或零食的甜麵包捲。

用吐司做偽肉桂捲

肉桂捲

材料／1人份

吐司（8片切）——1片
奶油起司——1個（18g）
無鹽奶油（沒有的話就用有鹽奶油）——15g
肉桂粉——½小匙＋少許
砂糖——1大匙＋½小匙

作法

1 切除吐司邊，直切成4等分。
2 將奶油、1大匙砂糖、½小匙肉桂粉混合均勻塗在1上。
3 分別捲起2，用牙籤固定尾端。
4 將3排放在鋁箔紙上，放進烤箱烤至整體呈金黃色。放涼後，取下牙籤。
5 奶油起司加½小匙小匙砂糖混合均勻塗在4上，撒上少許肉桂粉即可。

薑糖捲

材料／1人份
吐司（8片切）——1片
無鹽奶油（沒有的話就用有鹽奶油）——15g
砂糖——1大匙＋½小匙
薑泥（沒有的話就用薑粉）——½小匙＋少許
奶油起司——1個（18g）

作法
1～4和「肉桂捲」相同。不過，作法2的肉桂粉用½小匙的薑泥取代。
5 奶油起司加½小匙砂糖混合均勻塗在4上，放上少許薑泥即可。

檸檬捲

材料／1人份
吐司（8片切）——1片
無鹽奶油（沒有的話就用有鹽奶油）——15g
砂糖——¼大匙
糖霜
糖粉——1大匙
檸檬汁——½小匙
檸檬皮——少許

作法
1～4和「肉桂捲」相同。不過，作法2的砂糖改成¼大匙，而且不加肉桂粉。
5 糖粉和檸檬汁混合均勻，做成糖霜。
6 將5淋在4的上面，放上切細的檸檬皮即可。

咖啡捲

材料／1人份
吐司（8片切）——1片
無鹽奶油（沒有的話就用有鹽奶油）——15g
砂糖——¼大匙
糖霜
糖粉——1大匙
蘭姆酒——½小匙
即溶咖啡——½小匙

作法
1～4和「肉桂捲」相同。不過，作法2的砂糖改成¼大匙，而且不加肉桂粉。
5 蘭姆酒加即溶咖啡攪拌溶解。
6 糖粉和作法5混合均勻，做成糖霜。
7 將6淋在4的上面即可。（Y）

Y　英國也有同樣放進烤模烘焙的漩渦麵包，叫做**切爾西麵包**（Chelsea Buns，第137頁照片）。據說是18世紀，在倫敦的切爾西區某家名為Chelsea Buns House商店的招牌商品。在《Le Grand Livre du Pain（麵包全集）》中，有將葡萄乾或橙皮等和奶油砂糖一起捲包起來，繞圈淋上蜂蜜糖漿，放進烤模烤的食譜。捲包起來的配料，可以是肉桂之類的香辛料、或用**黑醋栗***16取代葡萄乾、或加入檸檬皮屑等，好像有多道食譜。

I　那一定很好吃。是我目前在日本引頸期盼的麵包。

Y　說到這，日本也有土生土長的漩渦麵包，就是咖啡捲。雖然我很喜歡摩卡口味，但其實不常吃。

I　咖啡捲是肉桂捲的親戚呢。那也很容易讓人吃上癮。嘗到咖啡奶油的瞬間，一口氣降低內心防線，只想盡情享受美食。遇到像鮮奶油紅豆麵包或紅豆甜甜圈之類偏愛的食物也有同樣的傾向（笑）。感覺上有很多店從以前就開始做咖啡捲。

Y　日本自古以來就有接受捲狀物的涵養呢！

簡單製作濃稠糖霜

I　有的肉桂捲可以看到半透明糖霜後面的漩渦紋路。看起來就像玻璃麵包，因此我稱其為「日本最情色的肉桂捲」（笑）。就算吃也享有官能感。糖霜中加了蘭姆酒，在口中融化後和肉桂糖粉混合。

Y　像透明能見度高的糖霜，水分含量高因此糖度較低。洋酒加肉桂太犯規了！是哪家店呢？

I　名為**griotte***17的店。我在家做過糖霜，塗在麵包上不小心就吃太多了，真糟（笑）。像我這麼怕麻煩的人，總覺得淋了糖霜的食物用買的就好，所以自己動手做就覺得很特別呢。可以安排像是居家自製超美味糖霜的實驗嗎？

Y 單獨提供糖霜的食譜太簡單！只是把糖粉和液體拌勻而已。在池田先生的著作《讓吐司更美味的99道魔法》（GUIDEWORKS）中有用吐司製作肉桂捲吧。

I 是第71道魔法。使用奶油起司。順帶一提，美式的汀恩德魯卡、BLUFF BAKERY是用甜奶油起司淋在麵包上。聽說BLUFF BAKERY用的奶油起司**不是Kiri而是卡夫菲力（Philadelphia）**[*18]。

Y 那不錯啊。用該食物母國的食材製作，不是很重要嗎。**我做布朗尼時也不用法芙娜（VALRHONA）而是好時（HERSHEY'S）**[*19]喔。

I 我都拜託人家用法芙娜做（笑）。

Y 要不要進一步擴充第71道魔法，用吐司做肉桂捲、咖啡捲、檸檬捲和薑糖捲等各種漩渦麵包？如此一來也能提出糖霜變化款的配方。

▼**實驗2 用吐司做偽肉桂捲** ↓第144頁

＊16　黑醋栗
又稱做currants。原產於地中海的葡萄乾之一。和其他葡萄乾相比顆粒較小。在英國屬於常見食材，用於烘焙點心等。

＊17　griotte
東京都目黒区東が丘2-14-12 B1、1F
03-6314-9286
8：00～19：00
週一公休
（若遇假日則順延至隔天）
griotte.jimdo.com
從法國回來的新世代貪吃鬼主廚開設，結合麵包、甜點及餐點的複合式烘焙坊。提出利用酒種麵團製作法國麵包等一針見血的新方案。

＊18　不是Kiri而是卡夫菲力（Philadelphia）
日本最普遍的2大進口奶油起司品牌。Kiri來自法國，卡夫菲力則是美國生產。

＊19　做布朗尼時不用法芙娜（VALRHONA）而是好時（HERSHEY'S）
布朗尼是用巧克力製作的美國烘焙甜點。法芙娜是法國巧克力品牌，好時則是美國巧克力品牌。

肉桂捲和咖啡及香料

Y 吃肉桂捲還是要配咖啡呢。美國和北歐都是咖啡大國。

I 這是最佳組合吧。

Y 我在北歐最初是在斯德哥爾摩吃到肉桂捲。一進入街上的人氣咖啡館，就看到對面的女孩正咬著大大的肉桂捲。如同電影般的場景超感動！那家咖啡館好像以大分量著稱。我一個人喝了大杯咖啡歐蕾和吃掉大肉桂捲。

I 只要一吃肉桂捲和咖啡就令人渾然忘我。或許被香料奪去心靈了吧。

Y 在中世紀歐洲，據說因為香料和黃金等值，在人類歷史上佔有重要篇幅呢。

甜甜圈

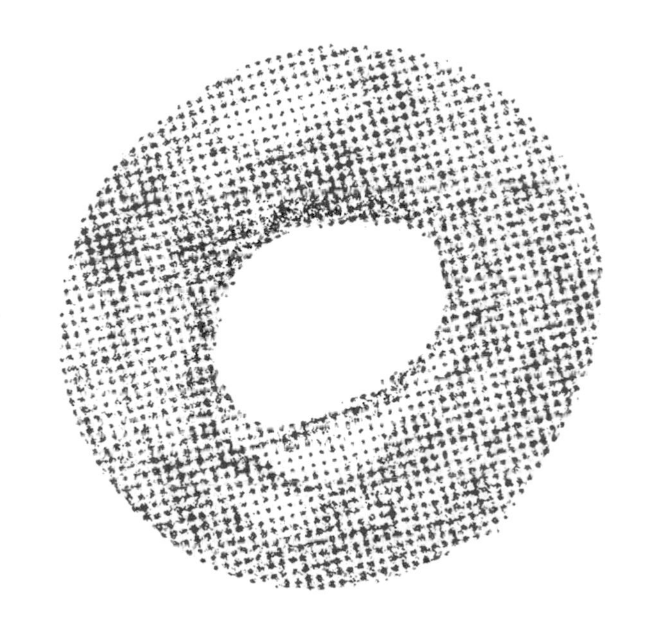

甜甜圈中間的孔洞是怎麼來的？

Y 你知道甜甜圈的英文單字Doughnut是由dough（麵團）和nut（圓滾滾）組成的嗎？「圓滾滾的麵團」聽起來就很可愛。為什麼圓滾滾的卻變成那種形狀呢？

I 在收錄甜甜圈相關散文的選集《該怎麼說甜甜圈》（早川茉莉編，筑摩文庫）中，有篇村上春樹記述關於甜甜圈由來的文章。「甜甜圈的孔洞最早現身於世是在1847年，地點在美國緬因州的坎登（Camden）小鎮上。一位名叫漢森格雷戈里（Hanson Gregory）的15歲少年在某家麵包店當實習生。（中略）他想若在麵包中央戳個洞，不就能均勻受熱，於是便試做了」。那天真的念頭讓我想到拿著足球奔跑成為橄欖球由來的少年。

Y 是誰在甜甜圈中間戳洞似乎眾說紛紜呢。

I 那麼單純的事，是誰最先想到之類的，只有神明才能斷定（笑）。

Y 我自己首次做開孔的甜甜圈時，心想，明明中間的小麵團也很可愛，平常這些洞洞麵團到哪裡去了。

I 片岡義男對「甜甜圈的洞」寫了篇隨筆（《該怎麼說甜甜圈》）。文章開頭就是一句奇怪的話「如果我沒記錯，到目前為止吃過兩次甜甜圈的洞」。聽說這在美國是「隨處可見相當普遍」的甜甜圈品項，就寫成「甜甜圈的洞」，將戳下來的麵團炸熟當成商品喔。

Y 這點子不錯。

I 想到甜甜圈的洞，就覺得很有趣。甜甜圈有沒有洞？甜甜圈的洞可以吃嗎？

Y 請再說得簡單一點。太哲學了很難懂（笑）。

I 吃掉的話就沒有甜甜圈的洞了吧。洞是吃不到的。可是若沒吃到，甜甜圈就吃不完了啊？那也吃到洞了吧。雖然在這裡卻像沒有。

Y 原來如此，好深奧啊。

雖然我沒去過美國，但聽說甜甜圈在美國是當早餐吃。即便是一大早開店的咖啡亭，絕對有賣貝果、甜甜圈和馬芬，據聞這3樣是紐約的早餐代名詞。

I 美國人好像一刻也離不開甜甜圈。我在布魯克林吃過**Dough**＊1的甜甜圈，很好吃。有朱槿花等做成的糖霜甜甜圈等天然新口味，或是麵團含水量高等，和日本的新麵包趨勢相同之處。說到同時代性，即便隔著大海也存在呢。走訪紐約的**第三波浪潮**＊2咖啡店後，發現那裏也有賣Dough的甜甜圈。重視產地風土（Terroir，氣候或土壤等生成的土地特色）的咖啡，搭配的天然點心。即便在東京也漸漸看得到了。

Y 甜甜圈還是要配咖啡呢。現在咖啡也推出了各種單品豆或綜合豆，因此可以選出適合甜甜圈的咖啡。

I 就來試試吧。

▼ **實驗一 甜甜圈和咖啡的配對組合**
和 Cafe Facon 的岡內賢治先生合作
↓第160頁

＊1 Dough
14 West 19th Street New York, NY 10011
www.doughbrooklyn.com/
源自布魯克林區。用朱槿花或南瓜等製作的原創糖霜甜甜圈，質地鬆軟頗受好評，是紐約的甜甜圈名店。

＊2 第三波浪潮（Third Wave）
咖啡界的第三波浪潮之意。以手沖方式現沖淺焙豆的型態以美國為中心流行起來。

歐洲的油炸甜點是狂歡節大餐

Y　那麼，荷蘭的油炸甜點「油炸球（Oliebollen）」，傳到美洲大陸，戳洞後就變成甜甜圈的傳聞是真的嗎？我不知道油炸球有這麼厲害的背景，還在阿姆斯特丹的路邊攤上吃過。外皮酥脆，裡面軟彈，相當誘人。我記得沾滿鬆軟糖粉的現炸口感，相當好吃。聽說荷蘭文是「油球」的意思。

I　油球，真是直白的表現呢（笑）。

Y　聽說Oliebollen就像是日本的跨年蕎麥麵，是在年底的時候吃的。說到歐洲的油炸甜點，和宗教儀式的關係相當密切呢。據說基督教的**天主教會***3，以前在**復活節***4前46天（大齋期），教徒需進行齋戒和懺悔，禁食肉類、雞蛋和乳製品等。然而在告別肉食開始前的一週，舉辦「狂歡節」活動，讓人們盡情吃喝狂歡。油炸甜點就是那時的款待餐點之一。因此，歐洲各地在2月左右，就會製作源自狂歡節的油炸甜點。

I　狂歡節之際宰殺家畜時取得的豬油，便用來做油炸甜點。雖然用豬油做甜點有點奇怪，但我覺得優質新鮮的豬油相當適合做宴客餐點。

Y　法文稱油炸甜點為貝涅餅（beignet）。雖然拼法有些不同，但聽說是從「醃漬」「浸泡」的動詞baigner轉變過來的。法國自里昂以南的地區至今還有各種類型的貝涅餅。依地區不同而有各種名稱，像merveilles（美爾威油炸餅）、bugnes（油炸甜脆餅）、oreillettes（歐雷特酥片）等。

I　就像花林糖？味道是甜的嗎？

Y　有的像炸餃子皮，有的像甜甜圈般用鬆軟麵團炸成。每個都像是簡單的炸麵團，相同處是撒上砂糖食用。查了狂歡節的油炸甜點後，發現好像在德國附近的阿爾薩斯區也有，阿爾薩斯的甜點外型蓬鬆立體。

您聽過**世界咖啡館**（Café du Monde）[*5]嗎？

I 這家店在電影「五星主廚快餐車」中出現過耶。因為「來到紐奧良，一定要吃這個」，男主角便帶著兒子去。

Y 就如同您所說的，誕家店的起源地在美國紐奧良，但是日本也有好幾家分店。是專門販售撒上糖粉的油炸小點「**貝涅餅**」（第156頁照片）和菊苣咖啡歐蕾的店家。阿爾薩斯的貝涅餅和世界咖啡館的很像。

I 紐奧良的法文是Nouvelle-Orléans吧。那不是法國人移民定居的地方嗎？

Y 剛開始是定居於此的法國人，製作只有炸麵團的單純貝涅餅，最後變成紐奧良的名產。菊苣也是來自歐洲的蔬菜……。聽說夏威夷的人氣甜甜圈「馬拉撒達（Malasada）」，最先也是移民於此的葡萄牙人做的。是飲食文化的大遷徙呢（笑）。

Y 嗯，說得不錯。**HIMMEL**[*6]做的德國油炸甜點Krapfen（奧地利多拿滋）（第156頁照片）很好吃喔。Krapfen是油炸麵包的總稱。主廚在杜塞道夫學到這款特別的多拿滋。我經常用「隕石」來介紹這

＊3　天主教會
以住在梵蒂岡城國的羅馬教宗為中心，是基督教最大的教派。在歐洲歷史悠久，有很多民眾信仰，因此和歐洲的例行活動或生活習慣密不可分。

＊4　復活節
英文是Easter，法文是Pâque。紀念掛在十字架上去世的耶穌基督在第3天復活，是基督教最重要的節日之一。

＊5　世界咖啡館
www.cafedumonde.jp
招牌商品是加了菊苣的咖啡歐蕾和四方形貝涅餅，約是150年前在紐奧良開業的咖啡館。

＊6　HIMMEL
東京都大田区北千束3-28-4
アンシャンテ大岡山1F
03-6431-0970
7：30～19：30　週二公休
www.himmelbrot.com
德國麵包店。店內不光是裸麥麵包，還有三明治及名為Berliner、Krapfen之類的甜甜圈等多款德國麵包。

款甜點。麵皮像是Mister Donut的法蘭奇（French Cruller）或奶油泡芙的外皮。用冰淇淋勺喀擦喀擦地挖取麵團丟到熱油中炸。明明外觀看起來硬梆梆，入口卻很鬆軟。反差性令人感到相當驚訝。店內也賣**Berliner**（柏林甜甜圈）（第156頁照片），感覺上很像法國常見的貝涅餅。

Y　柏林甜甜圈和法國的貝涅餅好像喔。大小像日本的紅豆甜甜圈，裡面放了果醬。前幾天，和住在德國慕尼黑的朋友碰面，聽他說若是在法國，貝涅餅裡面放的是覆盆子果醬，或是和香頌蘋果派內餡一樣的蘋果泥。但德國的柏林甜甜圈雖然同樣放了覆盆子果醬，但也有加杏桃醬的款式。一到狂歡節時期，各種柏林甜甜圈就開賣。

I　賈克大地（Jacques Tati）的電影「我的舅舅」中，就在空地賣現炸的貝涅餅給小孩子們。像是看到大地懷念自己孩提時代的一幕。

Y　我查了狂歡節油炸甜點的資料，得知其實不只有貝涅餅，格子鬆餅、可麗餅和在巧克力螺旋麵包那篇也出現過的義大利奶油甜餡煎餅捲（第74頁），都是在狂歡節時期製作的甜點。除了奶油甜餡煎餅捲外，其他三種至今仍可在法國的小吃攤上買到。因為原本就是帶有節慶氛圍的甜點，所以就算是小吃攤也會賣。

I　應該是這樣。格子鬆餅、可麗餅或甜甜圈都是能在鐵板或鍋子上單個製作的甜點。因為用不到烤爐，所以相當適合戶外也說不定。就像日本的廟會上會賣大阪燒或章魚燒。

Y　原來如此。

I　雖然中國也有粉類製品文化，但比起烤爐的飲食文化，油炸和蒸煮方面比較佔優勢，所以做出油炸麵包或蒸點。說到油炸麵包，就是能在沒有烤爐的環境或狀況下製作的麵包吧。

Y　以前物質不豐的時代，油炸甜點給人就算是在沒有烤爐的家庭或戶外也能做出美味大餐的印象，因此習慣將其視為特製點心。不過，到了現代油炸因為熱量過高有時也被嫌棄呢。

I　在《香氣和味道的神祕之處》（東原和成、佐佐木佳津子、伏木亨、鹿取みゆき合著，虹有社）等書中，有上癮實驗的內容。讓老鼠進行一壓按鍵就會有液體流出的測試。液體有三種，水、鮮味高湯、油。雖然老鼠不會特地去按水，卻不停地按鮮味高湯。若是炸油則瘋狂按壓呢。生物肯定被輸入油類是能輕易攝取到熱量的物質這樣的訊息吧。所以麵粉沾了油後絕對會變好吃呢（笑）。

Y　用烤箱烤粉類製品時，一定要技術好才烤得漂亮。以前因為是柴窯，溫度很難調整吧。不過，油炸的話，基本上都能炸得好吃。吐司邊炸過後也很美味。

I　不需要多好的技術就能做出美味。營養午餐提供油炸麵包也是基於這項道理吧。

＊7　Krispy Kreme Doughnuts
krispy.kreme.jp
2006年登陸日本。口感鬆軟入口即化的絕妙滋味，讓人一吃就上癮，當時在新宿南口經常大排長龍需等待數小時。

世界咖啡館
貝涅餅
第153頁

HIMMEL
柏林甜甜圈
第154頁

HIMMEL
奧地利多拿滋
第153頁

Krispy Kreme Doughnuts
各種甜甜圈
第158頁

Doughnut Plant
各種甜甜圈
第158頁

Haritts
各種甜甜圈
第158頁

Camden's Blue Star Donuts
各種甜甜圈
第158頁

日本人的原點，Mister Dount

Y 甜甜圈風靡過一段時間呢。有美系的 **KrispY Kreme Doughnuts** *7 或 **Doughnut Plant** *8（這2種的照片在第156、157頁），和迷人可愛系 **Hara Donuts** *9 或 **Floresta** *10 等等。我覺得最近各家便利商店的甜甜圈也急起直追。

I 我家前面也突然開了家甜甜圈店，開業當天大排長龍讓人相當驚訝（笑）。居然還有烤甜甜圈呢。

Y 暫且不論流行熱潮，我們的標準甜甜圈還是暱稱「misdo」的 Mister Dount 吧。利用各種麵團如酵母發酵類、以泡打粉發起麵團類、近似泡芙麵團類等製作甜甜圈。或是在商品陣容引進國外的油炸甜點或麵包，如吉拿棒或波堤等。我覺得相當了不起。

I 想不想知道樂清（DUSKIN）清潔用品公司為什麼會進軍甜甜圈業？

Y 好啊。來探討日本的甜甜圈原點吧。

▼Column4｜**日本甜甜圈的原點，Mister Donut** ↓第162頁

Y 我在這股熱潮掀起之前，就已經是代代木上原 **Haritts** *11（第157頁照片）的粉絲，常去吃她們姊妹倆做的甜甜圈。麵團口感軟硬適中，油香恰到好處不油膩。

I 麵團經過充分發酵吧？因此洋溢麵粉香氣且咬勁十足。我喜歡鎌倉的 **Betsubara Donuts** *12。和 Haritts 一樣充分發酵麵團，類似麵包的口感。並用當季水果製作糖霜淋醬，相當好吃。以前是放在腳踏車上邊騎邊賣，頗具風情，現在努力獲得回報，擁有了自己的店面。

Y 店名取為「**Betsubara**（另一個胃）」也好可愛。代官山有家號稱波特蘭最好吃的甜甜圈店 **Camden's**

Blue Star Donuts＊13，那也很厲害。包裝和 Krispy Kreme Doughnuts 同樣可愛。

I　由戳洞這個簡單無比的想法拓展出的甜甜圈世界，很難預測下一步會有什麼爆點呢。要是能推出更多有趣的甜甜圈就好了。

＊8　Doughnut Plant
東京都武藏野市吉祥寺東町 2-18-16
20：00～售完為止　全年無休
www.doughnutplant.jp
2004 年登陸日本。旗艦店位於紐約曼哈頓下東城。以華麗的蛋糕甜甜圈獲得滿堂彩。吉祥寺店設有中央廚房，晚間提供現炸甜甜圈。還有青山一丁目店、用賀店、LUMINE EST 新宿店。

＊9　Hara Donuts
haradounts.jp
用豆漿和豆渣製作甜甜圈並瀝乾多餘油分，味道柔和擁有廣大粉絲。

＊10　Floresta
www.nature-doughnuts.jp
使用天然素材製成的甜甜圈，被譽為「天然甜甜圈」。是力行減量包裝等的地球友善店家。

＊11　Haritts
東京都渋谷区上原 1-34-2
03-3466-0600
9：30～18：00
（週六、日、假日 11：00～）
週一、二公休
www.haritts.com
店內堅持以手工製作甜甜圈，並提供精品咖啡。由行動咖啡車起家。

＊12　Betsubara Donuts
神奈川県鎌倉市材木座 1-3-10 1F
0467-23-7680
9：00～售完為止
週二、三、四公休
甜甜圈的質地鬆軟 Q 彈，瀰漫麵粉香氣口感佳。充滿濃郁酒香的蘭姆葡萄乾或洋溢水果香氣的覆盆子口味等頗受歡迎。

＊13　Camden's Blue Star Donuts
東京都渋谷区代官山町 13-1
THE MART AT FRED SEGAL 內
03-3464-3961
9：00～20：00　不定期公休
camdensbluestardonuts.jp
用布里歐許麵團製作甜甜圈。從麵團起全部在店內的廚房手工製作，是波特蘭的人氣名店。

實驗

甜甜圈和咖啡的配對組合和 Cafe Facon 的岡內賢治先生合作

岡內＝O　池田＝I

大口咀嚼甜甜圈。再一口飲下咖啡。超乎想像的完美組合。有種既不是甜甜圈也不是咖啡的味道在腦中飄然浮現。

先從傳統的**糖粉**（原味）口味開始。

×**薩爾瓦多**
I 可以嘗到油脂的美味。就像花林糖！

×**瓜地馬拉**
I 能在多變的明亮酸味中舒緩味覺。

×**衣索比亞**
O 帶有櫻桃味。若再烘焙深一點，就會出現巧克力味。

×**咖啡歐蕾**
I 懷舊風味！

說到**肉桂**和咖啡，普遍認為是最佳拍檔。

×**FACON 特調**
I 果實味豐富。

×**薩爾瓦多**
O 覺得蓋住肉桂風味了。

×**瓜地馬拉**
I 先傳來鮮明酸味再回甘！

×**哥倫比亞**
O 像是烤蘋果的滋味。

×**曼特寧**
I 充滿迷人的焦香味。

×**咖啡歐蕾**
I 好像印度奶茶。

冰咖啡
使用綜合豆（深焙）

咖啡歐蕾
使用綜合豆（深焙）

FACON 特調
以衣索比亞的耶加雪菲為主

薩爾瓦多
酸香圓潤

瓜地馬拉
帶有焦糖甜味

哥倫比亞
柑橘酸香豐厚

衣索比亞
充滿莓果等果實香氣

曼特寧
帶有熱帶水果、香料氣息

糖粉　肉桂　蘭姆葡萄乾　香檬　百香果　咖啡　椰子

蘭姆葡萄乾的驚奇體驗。

×**FACON 特調**
I 蘭姆的尾韻綿延不停變化。
×**薩爾瓦多**
O 像爵香葡萄！

（從上方順時針）
蘭姆葡萄乾、糖粉、咖啡

（從上方順時針）
香檬、百香果、椰子、肉桂

×**瓜地馬拉**
I 散發微妙的甜味和酸香。
×**衣索比亞**
O 好像在吃葡萄乾三明治！
×**曼特寧**
O 這是加州梅！
×**冰咖啡**
O 特有的蘭姆味消失了。

搭配香檬的熱帶酸味會如何？

×**FACON 特調**
O 像是檸檬茶，不錯耶。
×**瓜地馬拉**
I 像蜂蜜檸檬！
×**衣索比亞**
I 啊，變成柳橙味了！
×**曼特寧**
I 好像芭樂呢。
×**咖啡歐蕾**
I 像是柳橙蛋糕。

搭配香氣濃烈的百香果呢？

×**薩爾瓦多**
O 簡直就像大吉嶺紅茶。
×**瓜地馬拉**
I 果實香和堅果味共存！
×**哥倫比亞**
I 帶出了美妙的酸甜滋味。
×**曼特寧**
I 出現明顯苦味。
×**冰咖啡**
I 好像熱帶果茶。

椰子的香甜味會讓咖啡產生什麼變化？

×**FACON 特調**
I 充滿煉乳味！
×**薩爾瓦多**
I 這款咖啡豆搭配任何口味都能提升滋味呢。
×**衣索比亞**
I 變成草莓煉乳了！
×**曼特寧**
O 我喜歡這個。像荔枝。
×**咖啡歐蕾**
O 好像牛奶糖。

＊這裡只提出備受矚目的組合。

Cafe Facon
東京都目黒区上目黒3-8-3
千陽中目 ビル・アネックス3F
03-3716-8338
10：00～22：00（週五六、假日前一天～23：00）
不定期公休
專注工作獲得世界矚目的日本咖啡館，重視風土的第3波咖啡浪潮。結合兩者優點，在咖啡豆特色和味道間追求平衡的自家烘焙咖啡館。

Betsubara Donuts
參閱第159頁

Column 4

日本甜甜圈的原點，Mister Donut

我在1972年出生，即將滿44歲，在前一年**Mister Dount1號店**[1]。於大阪府箕面市開業。當天等待開門的人潮大排長龍，據說1小時約賣出4000個，超過1400位顧客上門。能從有別於日本當時現有甜甜圈的道地口味和超過100種選項中挑選的樂趣，讓日本人期待不已。而且，麥當勞和肯德基也在這時開設第一家店，就在此刻揭開速食時代的序幕。不過也是因為當時的背景使然吧。

Mister Dount的母公司是「樂清（Duskin）」。開業契機是樂清創辦人赴美學習美國當地的加盟經營業務時，透過介紹認識了美國Mister Dount的創辦人。樂清創辦人對道地甜甜圈的美味驚為天人，決定**在日本展開加盟店**[2]。我從小就對「賣拖把的公司為什麼會開甜甜圈店」百思不得其解，沒想到答案出乎意料的單純。

創業當時的商品內容是什麼呢？Mister Dount的宣傳人員表示，從美國的食譜中剔除日本人不熟悉的口味，準備了多樣基底麵團。據說以蜂蜜黃金圈或**天使巧貝**[3]的「酵母發酵麵團甜甜圈」、和原味蛋糕或巧克力的「蛋糕麵團甜甜圈」為主。利用這些基底麵團加上不同的淋醬和奶油，變化出**143種商品**[4]（依時期推出不同商品）。

即便到了現在，在 Mister Dount 的官網上也能看到歷代商品，對 Mister Dount 世代的我而言是「懷舊」連發特輯。

聽說為了配合日本人的味覺，隨時都在反覆改良基本款商品。令人驚訝的是1975年推出的歐菲香，歷經口感改良、降低甜味提出奶香等，到目前為止重複改良了7次。在2003年推出的**波堤**[5]系列從新商品升格為人氣基本款。這是根據「大多放到隔天早上才吃」的消費者意見調查，以到了隔天早上仍保有柔軟美味和新口感為主體所做的改良。聽說是從40種口感候選名單中，選出未曾出現過的「軟彈感」。

到2016年3月為止，全日本共有1269家店面。幾乎每個月都推出新商品。即便日後全世界的甜甜圈店陸續登陸日本，Mister Dount 仍是永遠不滅的存在吧。

（Y）

3

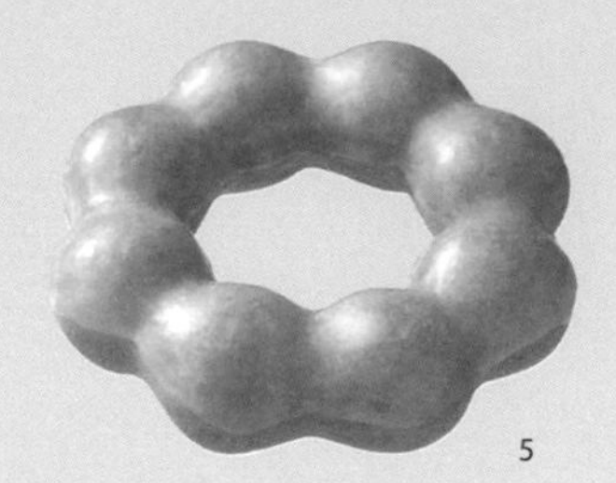

5

1

2

4

Mister Dount

www.misterdount.jp/

提供清潔服務和工具的樂清（Duskin）與美國的Mister Donut of America企業合作，自1971年起開設日本首家甜甜圈連鎖店。

馬芬

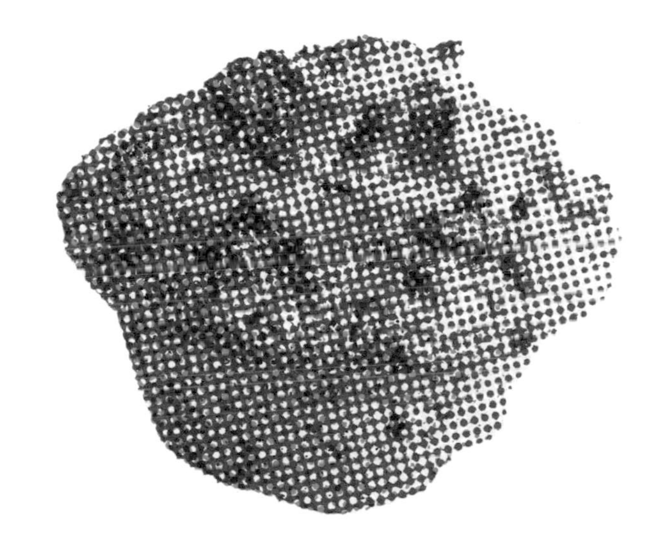

用馬芬模烤就是馬芬

Y　馬芬的定義是「用馬芬模烤的速發麵包（Quick Break）」吧。

I　像磅蛋糕或海綿蛋糕之類的鬆軟甜點有很多種，和它們有什麼不同？

Y　最普遍的馬芬類型是麵團加融化奶油利用泡打粉膨脹發起，不過也有像磅蛋糕般先將奶油攪拌成乳霜狀再製作的方式。或是用液體油取代融化的奶油，種類其實也很多。我覺得將放進馬芬模烘烤的麵團視為馬芬就行了。

I　原來如此。和吐司很像耶。吐司的共同要素也是只用烤模烘烤，因為材料差異極大無法由此定義。

Y　馬芬雖是美國食物，但和杯子蛋糕有什麼差別、與英式馬芬又有何處不同，這是最大的謎團！

I　我也想問和杯子蛋糕有什麼差別。

Y　馬芬大多是在麵團中加入配料用馬芬模烘烤而成。另外，杯子蛋糕的歷史比馬芬久遠，聽說名稱有放在較小的杯狀容器中烘烤，和用量杯測量2種含意。現在只剩下用杯子烘烤的意思了。而且，多數不在麵團中放入配料，取而代之的是在表面做裝飾的主流類型。

I　有這樣的差異啊！

Y　此外，馬芬的砂糖用量比較少，可以當早餐吃。杯子蛋糕造型華麗奶油甜膩，所以適合當派對或下午茶的茶點，甜度和食用時機也不同。

I　我去過 **Magnolia Bakery** *1（照片169頁）。那裏賣的杯子蛋糕，無論美感或味道都是以華麗取勝。我吃了凱莉杯子蛋糕，本以為上面是蛋白霜，結果卻是奶油霜。連外觀都充滿美式風味，相當可愛。

Y　說到美式甜點，首先會被視覺吸引。學生時代，有段時期相當熱愛美國的馬芬蛋糕，經常拿著原文書在家認真製作。

I　好想知道百合子女士的各式原創馬芬食譜！

▼食譜1—蘋果奶酥馬芬　↓第172頁

▼食譜2—香橙巧克力馬芬　↓第173頁

從發酵麵包到馬芬甜點

I　美國是「甜麵包」的寶庫。馬芬和司康也一樣。會當成正餐來吃。

Y　《吃在美國》（平松由美著、駸駸堂出版）的馬芬篇中提到，在只有輕食用餐區的吧台店內點湯，就會附上用烤箱稍微烤過的藍莓馬芬。或是當成麵包沾取大量奶油食用等。雖然是甜味馬芬，但還是有當成正餐來吃的情況呢。不過，聽說近年來也有很多是不沾任何抹醬也不加熱就吃，因為加了比較多的甜味劑

＊1　Magnolia akery
東京都渋谷区神宮前 5-10-1
GYRE　B1F
03-6450-5800
11：00～20：00
（週六日 10：00～）
公休日比照大樓休館日
www.magnoliabakery.co.jp
在數部電影登場的名店，2014 年將傳統製法和設計原封不動地引進日本。

和油脂。

I　玉米麵包雖是主食卻偏甜味。那也是用泡打粉做的嗎？

Y　是啊。

I　我喜歡吃東京皇宮飯店（第59頁）的**玉米麵包**（照片第169頁）。很難用筆墨形容那有別於砂糖的芳醇甜味。玉米麵包在美國算是家常點心，聽說皇宮飯店是應美國房客的要求在旅館內製作。對美國人而言是懷念的家鄉味呢。抹上莓果系列的果醬或栗子泥就讓人停不了口。

Y　聽起來好好吃！我也愛吃玉米麵包。

I　BOULANGERIE L'ecrin（第135頁）的**玉米麵包**（第169頁照片）是做成玉米造型。用在美國找到的舊式烤模烘烤的。充滿古老美好的美式風格呢。

Y　如此看來，像馬芬、司康、玉米麵包等歸類為「速發麵包」的食物，就是美國的「甜麵包」呢。

I　速發麵包也是愛爾蘭常見的食物。有的不放砂糖當作正餐來吃。

Y　是愛爾蘭蘇打麵包吧。我很喜歡所以常做喔。剛開始做的時候，對只要加泡打粉或小蘇打粉就能烤出像麵包的食物感動不已。

I　這很好吃呢。我在紀伊國屋（第135頁）買過。因為愛爾蘭曾是殖民地，花費長時間發酵這件事情對他們而言太奢侈了。我喜歡愛爾蘭蘇打麵包沒有發酵味的清淡口感。讓人覺得是未來系列口味的麵包。

Y　回到馬芬的話題，美國的馬芬始祖**英式馬芬***[2]使用的是發酵麵團吧。聽說是10世紀或11世紀左右在威爾斯發明的。根據法國出版的《Dictionnaire Universel du Pain（麵包百科全書）》記載，美國的馬芬原型，是現在被稱為**圓煎餅（crumpet）***[3]的英國

Magnolia Bakery
杯子蛋糕
第166頁

東京皇宮飯店
玉米麵包
第168頁

BOULANGERIE L'ecrin
玉米麵包
第168頁

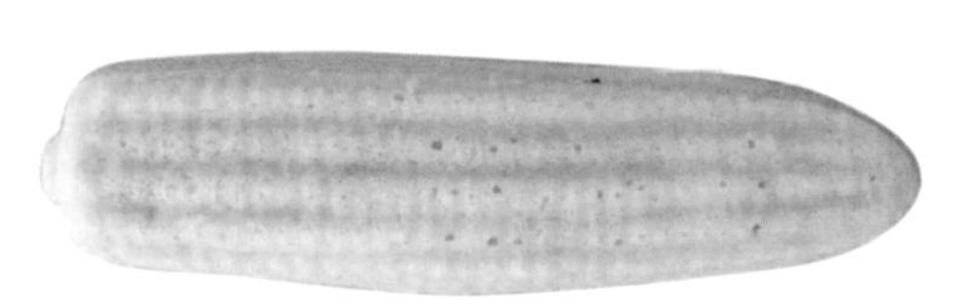

汀恩德魯卡
馬芬
第171頁

gigio bakery
圓煎餅
第170頁

發酵麵包。在1860年到1880年之間演變成為蛋糕般的甜馬芬。

I　圓煎餅擁有日本人喜歡的Q彈口感。可以用鐵板煎相當方便，也有人認為繼鬆餅之後將會掀起圓煎餅熱潮便搶先推出。例如東京新高圓寺的gigio bakery*4（第169頁照片）。該店的圓煎餅本身味道清淡，可依喜好抹上奶油或果醬食用。

Y　和英國的吃法一樣。圓煎餅雖然外型如同英式馬芬，但單面布滿孔洞。因為在加了酵母粉發酵的麵團中再放入泡打粉或小蘇打粉，因此產生孔洞。

I　在英國普遍認為馬芬是發酵麵包，一到美國就變成加了泡打粉的馬芬甜點吧？

Y根據日本泡打粉公司AIKOKU的官方網站表示，1837年，英國率先提出泡打粉的專利申請，之後在1850年代美國開始研發數種泡打粉並推向工業化。從年代來看，美國做出甜馬芬的背景是泡打粉的普及化。

I　說到美國這個國家，是個重視便利性更勝於傳統的地方呢。與其花費時間等待發酵，還不如借助泡打粉的力量讓麵團早點膨脹了事。不過，或許是沒有傳統的束縛，所以便在裝飾或造型上自由發揮，感覺相當有趣呢。

Y　而且色彩繽紛！而基本款就取名為「古典（Old Fashion）」或「老派（Old Style）」。

I　率性質樸的感覺反而在美國大受歡迎。像是大到快爆開的馬芬中放了超多巧克力豆之類的。就像是要從上方爆出來，然後被烘烤出焦香那樣。麵團彷彿都被巧克力沾滿了。

Y　我也很喜歡。以前，看了書上寫的美式馬芬作法，用攪拌機攪拌粉類以外的食材，再加粉類混拌均勻，直接倒入烤模中烘烤。雖然很隨意，感覺上卻很好吃。

I　看到汀恩德魯卡（第135頁）加了巧克力餅乾的**馬芬**（第169頁）時，整顆心都動搖了（笑）。

Y　我懂！現在，說到馬芬就會覺得是像汀恩德魯卡之類的美式食品店、烘焙坊或義式咖啡吧販賣的點心。

I　The City Bakery＊5的**麵包師馬芬（Bakers Muffin）**、**司康**和**蝴蝶可頌（Prezel Croissant）**（三者的照片在第176頁）便重現了紐約原味。這裡的麵包師馬芬外皮相當脆硬，裡面則像布朗尼般鬆散。馬芬在口中散開後才融化，如散彈般綿密鬆散的口感平衡得恰到好處，我很喜歡。在日本馬芬做得好吃的麵包店是崇尚美式風味的店。

Y　那種鬆散口感相當特別呢。

I　橫濱 BLUFF BAKERY（第135頁）的**栃乙女草莓馬芬**（第176頁照片），加了當季新鮮的栃乙女草莓，充滿迷人香氣。放入自家磨製麵粉時產生的麩皮，馬芬在口中自然碎裂，滋味濃郁卻口感濕潤，入口即化。自然與自然的完美結合令人感動。我覺得崇尚美式率性的同時，輔以日本人的感性走向細膩風味。

＊2　英式馬芬

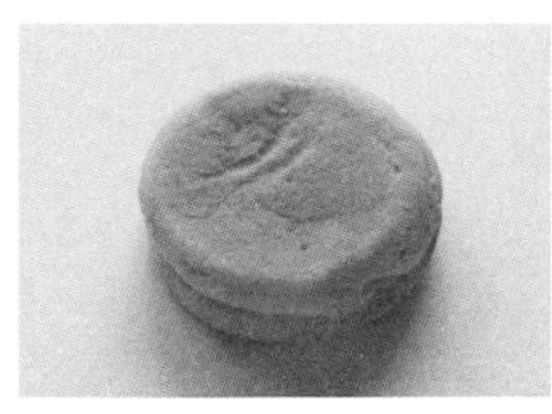

＊3　圓煎餅

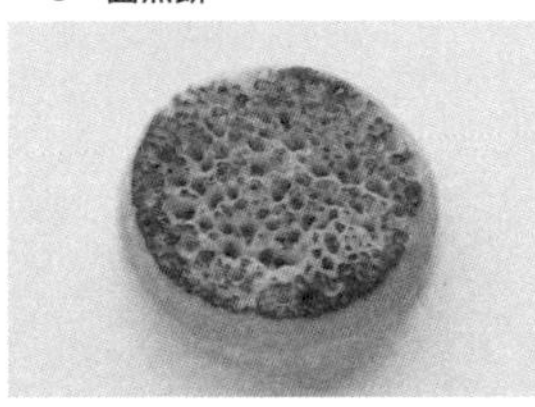

＊4　gigio bakery
東京都杉並区梅里 2-1-7 B1F
03-3314-3915
8：00 ～ 19：00　週二～四公休
昔日位於阿佐谷名為「BAGEL」的傳奇店家。以圓煎餅為首，販售東京少見，品項齊全的英式及美式麵包、甜點。

＊5　The City Bakery
東京都港区南 2-18-1
アトレ品川 2F
03-6717-0960
7：30 ～ 22：00
（餐廳 11：00 ～ 24：00）
不定期公休
www.thecitybakery.jp
從早到晚擠滿民眾的氣氛宛如身在紐約。除了重現紐約名產蝴蝶可頌等紐約風味的馬芬或糕點外，還有日本的吐司或鄉村麵包等各式麵包。

食譜1

蘋果奶酥馬芬

材料／直徑**7**㎝馬芬模　**6**個份

無鹽奶油——80g
蘋果（小）——1個
雞蛋——2個
二砂糖——70g
低筋麵粉——150g
泡打粉——1小匙
肉桂粉——¼小匙
奶酥
　低筋麵粉——15g
　無鹽奶油——15g
　二砂糖——15g
　杏仁粉——15g
　核桃——15g

作法

1 製作奶酥。在小調理盆中放入低筋麵粉和奶油，用手一邊撒粉一邊擠壓奶油並搓拌均勻。加入砂糖、肉桂粉和切碎的核桃混合，搓拌到呈鬆散狀態後放入冰箱。

2 將奶油放進微波爐（500W）中加熱1～2分鐘融化。

3 蘋果去皮切除果核，切成5㎜厚的扇形片。

4 雞蛋打入調理盆中，依序加入砂糖、冷藏後的2，每次都用打蛋器攪拌均勻。

5 在**4**中倒入過篩混合備用的低筋麵粉、泡打粉、肉桂粉和**3**，用橡皮刮刀攪拌到沒有粉末顆粒。包上保鮮膜，靜置於常溫下30分鐘以上。

6 將**5**倒入塗上奶油（分量外）的烤模中，以緊貼的方式撒滿**1**。

7 放入預熱到180℃的烤箱中烤約30分鐘。

香橙巧克力馬芬

材料／直徑7㎝馬芬模　6個份

無鹽奶油——80g
雞蛋——2個
砂糖——70g
蜂蜜——3大匙
現榨柳橙汁——1顆份
柳橙皮磨屑——1顆份
君度橙酒（有的話）——1大匙
低筋麵粉——150g
泡打粉——1小匙
苦巧克力——30～50g
柳橙切片——適量

作法

1　將奶油放進微波爐（500W）中加熱1～2分鐘融化。
2　雞蛋打入調理盆中，依序加入砂糖、蜂蜜、放涼的**1**、現榨柳橙汁和橙皮、君度橙酒，每次都用打蛋器攪拌均勻。
3　倒入過篩混合備用的低筋麵粉和泡打粉，用橡皮刮刀攪拌到沒有粉末顆粒。包上保鮮膜，靜置於常溫下30分鐘以上。
4　將巧克力放進微波爐（500W）中加熱約2分鐘融化。
5　將**3**倒入塗上奶油（分量外）的烤模之中，擺上**4**，放進預熱到180℃的烤箱中烘烤約30分鐘。擺上切成片的柳橙¼片即可。

（Y）

Y　集各家優點於一身呢。

I　BLUFF BAKERY 的榮德主廚從紐約 **Blue Sky Bakery** *6 那裏學到的。是美國少見的細膩作法。口感滑順濕潤。我吃過水果口味的**馬芬**（第176頁照片），放了新鮮的藍莓或覆盆子等。加上美國特有的濃厚麵粉香。斑斕點點的外觀也很可愛。

Y　好想去紐約吃吃看！

用鐵板或平底鍋煎的馬芬

Y　那麼，英式馬芬的美味之處是？我是 **CICOUTE BAKERY** *7 **英式馬芬**（第176頁照片）的鐵粉。

I　我也是。除了表皮酥脆裡面鬆軟的口感外，味道紮實讓人印象深刻。不是用烤箱而是放在鐵板上慢火煎熟的。據說以前在伊勢丹新宿店，受到 Olive 世代※熱愛的 **Babington's Tea Room** *8，重現了英式馬芬的風味。和烤箱不同，必須隨時調整火力煎烤近1個小時。因為頗具厚度，容易半生不熟，但若煎得太久又會失去鬆軟口感。繼承英國傳統，放在鐵板上費時煎製而成。

Y　所以才會那麼好吃啊。我能理解。

葡萄牙有像大阪燒那麼大的英式馬芬。名為 bolo levedo。葡萄牙文的意思是「發酵膨脹的甜點」，可以像麵包般當正餐吃，塗上奶油或果醬當點心吃也很美味。

在阿爾薩斯區也發現類似英式馬芬的麵包。阿爾薩斯語稱作 **dampfnudel（德國饅頭）** *9，法文叫 petit pain à la vapeur。vapeur 是法文蒸氣的意思，在平底鍋中倒水，蓋上鍋蓋蒸烤，因此在雜誌上介紹這道食譜時翻譯為「平底鍋蒸麵包」。有位可愛的老奶奶告訴我，在阿爾薩斯區是搭配湯品一起食用。

I　不用烤箱就能烤的平底鍋麵包啊。

Y 用鐵板或平底鍋烤麵包麵團，是存在歐洲各地的麵包文化之一。我希望能走訪各處挖掘出更多種類。

＊6　Blue Sky Bakery
53 5th Avenue, Brooklyn, NY 11217
www.blueskybakery.org
販售不用果醬或果泥，直接將新鮮水果放入麵團中烘烤而成的馬芬。覆盆子＋甜桃、南瓜＋櫛瓜等組合也很新奇。

＊7　CICOUTE BAKERY
東京都八王子市南大沢 3-9-5-101
042-675-3385
11：00～18：00　週一、二公休
cicoute-bakery.com
除了頗負盛名的英式馬芬外，黑糖麵包、法式麵包片……所有麵包都堪稱名品的高優質烘焙坊。店面設計或採用秋山花女士圖畫的官網都很可愛。

＊8　Babington's Tea Room
曾在伊勢丹新宿店 2 樓開業的英式下午茶店。位於義大利羅馬的總店歷史可追溯至 1893 年，2 位英國女性在此創業。目前位於羅馬西班牙廣場附近。

＊9　dampfnudel（德國饅頭）

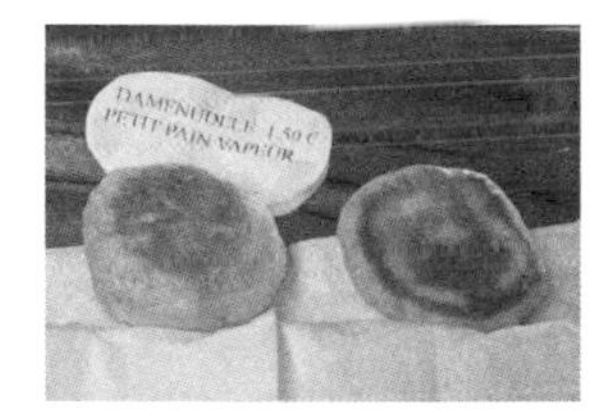

※Olive 為女性流行雜誌名稱，泛指對流行文化敏感度高的女性們

BLUFF BAKERY
栃乙女草莓馬芬
第171頁

Blue Sky Bakery
馬芬
第174頁

CICOUTE BAKERY
英式馬芬
第174頁

The City Bakery
麵包師馬芬
第171頁

The City Bakery
司康
第171頁

The City Bakery
蝴蝶可頌
第171頁

司康

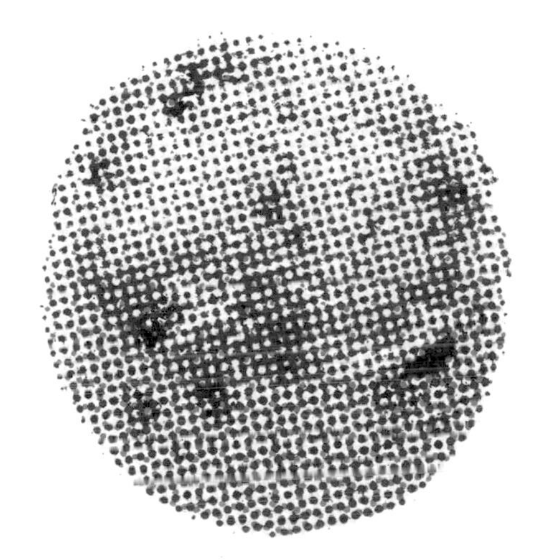

英國司康必定搭配奶油

Y　司康和前篇的馬芬一樣，都是利用泡打粉或小蘇打粉膨脹發起的速發麵包之一。

I　但到了現在，速發麵包和發酵麵包都屬於麵包呢。

Y　話也未必如此。和司康一樣有名的英國茶點奶油酥餅（shortbread）（第47頁）也是麵包，還有香蕉麵包、薑餅（gingerbread）等，有很多冠上麵包之名的甜點。

I　英國和美國的司康有什麼不同？

Y　在英國基本上是做成圓形。美系有三角形司康，或放了各種配料如蔓越莓&白巧克力等等。英國傳統的司康，是原味或加了葡萄乾、黑醋栗之類的。

I　如甜甜圈或杯子蛋糕，美國人喜歡發展出不同變化呢。

Y　雖然住在法國期間**去過無數次倫敦**＊1，卻都遇不到好吃的司康。即便如此，當中有家名為**Vintage Heaven**＊2的古董店，販售的司康頗具分量，是我喜歡的類型。在店內附設的Cakehole咖啡館吃得到。

I　質地濕潤嗎？還是像要吸乾口水般的感覺？

Y　質地不濕潤，類似愛爾蘭蘇打麵包般的酥鬆口感。並附上凝脂奶油和果醬。所以一定要配茶。

I　果然是這樣的循環行為吧？渴了再喝茶。渴了再喝茶

Y　就是這樣重複進行呢。我想與其說英國的甜點適合搭配茶飲，不如說沒有茶就吃不下。

I　凝脂奶油也是解渴對策？

Y　是解渴對策呢。順帶一提，開車行經英國鄉下看到的「Cream Tea」字眼，是茶館招牌，不過意思不是「漂浮著奶油的茶」。「奶油」指的是附在司康旁的凝脂奶油。也就是說，「Cream Tea」是附了凝脂

奶油和果醬的司康與茶品套餐。

I　在鄉下開車兜風看到茶館出現的當下，就好像在夢想世界呢（笑）。

Y　感覺很棒喔！在倫敦郊區邱園（Kew Gardens）附近，有家以傳統製法製作名為**榮譽女僕（Maid of Honor）**＊3的古早味甜點老店 Newends（現在改名為 The Original Maids Of Honour＊4），店內賣的司康也很好吃。像是含蛋量高的布里歐許般口感鬆軟。

I　凝脂奶油和鮮奶油有什麼不同？凝脂奶油和司康比較對味嗎？

Y　凝脂奶油的脂肪含量比鮮奶油高，比奶油低，是英國特有的乳製品。其歷史相當久遠，用小火熬煮脂肪含量高的牛奶，靜置一晚，收集表面的凝脂成分製作而成。在英國，從很久以前起就不用鮮奶油而是以凝脂奶油搭配司康。

＊1　去過無數次倫敦
山本百合子女士本身也是著有《倫敦秘境 50》（每日新聞社）一書的的倫敦達人。

＊2　Vintage Heaven & Cakehole
82 Columbia Road, London, E27QB
www.vintageheaven.co.uk
主要販售 1950 ～ 70 年代的英國製商品，如瓷器、陶器、玻璃等餐具用品、布製品、畫作、書籍、家具等的古董店。裡面設有咖啡館空間。僅週六日營業，週五則需預約。

＊3　榮譽女僕
在派皮上填入雞蛋、茅屋起司、杏仁粉等做成的餡料烘烤成的蛋塔狀甜點。

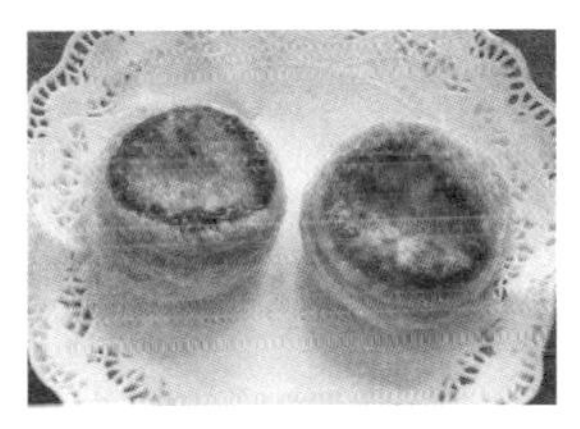

＊4　The Original Maids Of Honour
288 Kew Road, Richmond, Surrey. TW9 3DU
www.theoriginalmaidsofhonour.co.uk
昔日的 Newends。店內傳承下來的榮譽女僕配方傳聞是亨利 8 世藏在宮殿鐵箱中的食譜。

＊5　下午茶（Afternoon Tea）和高茶（High Tea）
下午茶是在維多利亞時代（1837～1901 年）中期於英國貴族間興起的飲食習慣。搭配紅茶享用司康、蛋糕和三明治等。為了看戲很晚才吃晚餐因此在下午 4 點左右先用點心。另外，高茶指的是勞工階級的晚餐，以紅茶搭配肉類一起食用。

下午茶吃的茶香蛋糕

I 說到**下午茶**＊5，英國人享用的頻率為何？週末時？大部分都在茶館吃嗎？

Y 聽說倫敦比巴黎更早興起咖啡熱潮，紅茶人口正在減少。會聚集在家中邊喝茶邊用點心的，是有上流階級的老奶奶或老爺爺的家庭吧。鄉下的話無論階級，或許還保有這樣的習慣。

I 感覺上像是在以前廣告中出現過的唐寧伯爵家會做的事（笑）。

Y 倫敦有很多地方會賣司康。超市中也有賣袋裝司康，不是袋裝麵包喔！另外，也有質地類似布里歐許，但名為**茶香蛋糕**＊6的麵包。

I 茶香蛋糕是麵包嗎？

Y 是英國版的酵母發酵甜點吧。加了黑醋栗或葡萄乾。在英國黑醋栗比葡萄乾更普遍。黑醋栗顆粒小顏色深，因此放入麵團中看起來比葡萄乾可愛。

I 茶香蛋糕是烤過再吃的嗎？

Y 是烤過再吃的！我在Fortnum & Mason＊7茶館吃的也像貝果般從中間切開烤過再上桌。

I 明明是甜點卻二次烘烤。尺寸方面充滿下午茶般的優雅感呢。茶香蛋糕會塗上什麼再吃嗎？

Y 奶油和果醬。

I 雖然是點心，吃法卻像麵包。好想知道作法喔。

▼食譜1 —**茶香蛋糕** ↓第184頁

sens et sens
司康
第182頁

B・B・B POTTERS
司康
第182頁

Dans Dix Ans
藍莓司康
第182頁

CICOUTE BAKERY
司康
第182頁

池田流派的司康進化論

Y　日本的麵包店有賣司康嗎？

I　有喔。感覺上女店長特別多。

Y　到了西元2000年，增加不少間女性開設的烘焙店呢。在名古屋有位朋友開了家名為babooshka的咖哩專賣店，我很喜歡他介紹的 **SHOZO COFFEE STORE** *8的司康。另外，Fève畫廊引田かおり女士說的 **mitsukoji** *9的司康也很讚。位於福岡名為 **B・B POTTERS** *10雜貨店附設的咖啡館內的司康（第181頁照片），我也很喜歡那純樸輕盈的手感，經常外帶。那，池田先生呢？

I　**CICOUTE BAKERY**（第175頁）、**sens et sens** *11、粉花（第123頁）……都是一些時髦的店呢（笑）。**Dans Dix Ans** *12的**藍莓司康**（粉花以外的圖片都在第181頁照片），外皮酥脆像司康，裡面濕潤柔軟入口即化，是平常不曾吃過的司康口感。

第一次聽到司康的名稱，是在下午茶潮流時代。在那之前默默無名的食物，突然以時髦茶點的姿態現身（笑）。我還曾經思索過司康進化論的假設性……。

Y　那聽起來好有趣。

I　第1次是下午茶潮流時代，第2次是鮮奶油時代，第3次是美國時代。雖然這歷史和我心中所想的變遷有所出入（笑）。

Y　完全不了解第2次以後的意思（笑）。

I　在下午茶時代，心想這就是司康啊！趕流行似地覺得好好吃喔，只是在勉強自己，明明口中咬得喀啦作響，卻默默不情願地想著一點也不時髦（笑）。不過，我猜或許大家都一樣，都是從那裏開始摸索的。

Y　開始摸索？

I 慢慢變得濕潤。那就是鮮奶油時代。

Y 您指的是沾著吃？還是加到麵團中？

I 後者。原本該是配茶或沾鮮奶油調整（口中的水分）後食用吧。

Y 現在終於了解了。是直接吃司康的條件進化論呀。單獨大口吃會讓司康的魅力減半啊。

I 我想在麵包店買司康的人都是大口直接吃。雖然覺得吃司康必須沾鮮奶油，但難度相當高。最近，麵包店業者將鮮奶油加到麵團中，配合顧客慢慢地調整出濕潤口感的趨勢，是我體認到的司康進化論。

Y 這是在日本，為了大口單吃司康的人而產生的進化吧？那美國時代呢？

I 第3次的美國時代，是因應星巴克稱霸世界而形成的義式咖啡吧司康。和餅乾麵團一樣，加了巧克力豆或核桃等各種配料。也屬於濕潤口感。不過，我認為司康的魅力在於「粉粒感」，因此太濕潤的話會降低其魅力值。

Y 是啊。將粉感十足的司康用力對半掰開，塗上凝脂奶油和果醬，配奶茶一起享用。這才是司康的醍醐味啊。

＊6　茶香蛋糕

＊7　Fortnum & Mason
181 Picadilly, London, W1A 1ER
www.forthumandmason.com
總店位於倫敦市中心皮卡迪利，在1707年開業的高級百貨公司。超過300年的歷史中，擁有多個皇室御用品牌的認證。在日本以紅茶最有名，同時也是將英國代表性料理蘇格蘭蛋（包絞肉的水煮蛋）推向世界的商店。

＊8　SHOZO COFFEE STORE
東京都港区青山3-13
COMMUNE246
9：30～18：00
（週六、日、假日11：00～）
不定期公休
www.shozo.co.jp
那須的1988 CAFE SHOZO是咖啡潮流的領頭羊，被譽為咖啡愛好者的聖地。東京這家店是能品嘗到原裝SHOZO咖啡和烘焙點心的奢侈場所。

＊9　mitsukoji
mitsukoji.com
2007年起開始製作果醬，在全日本的商店推出以果醬和司康為主的寄賣或活動。果醬榮獲2016年英國世界柑橘類果醬大賽的職業組金牌。

＊10　B・B・B POTTERS
福岡市中央区薬院1-8-8
092-739-2080
11：00～20：00
（咖啡館11：30～19：30　LO）
不定期公休
www.bbbpotters.com
在2016年邁入25周年的福岡雜貨老店。豐富食衣住生活的品項齊全。店家2樓是寬敞的咖啡館，販售烘焙點心等甜點。

茶香蛋糕

材料／直徑8～9cm　6個份

熱水——70ml
紅茶（原味茶包）——1個
葡萄乾——40g
橙皮（切小丁）——20g
牛奶——80ml
速發酵母粉——3.5g
高筋麵粉——220g
鹽——½小匙
奶油——30g
砂糖——20g

作法

1　將紅茶茶包放入食譜分量的熱水沖泡成濃茶，加入葡萄乾和橙皮浸漬約1小時。
2　過濾1撈出葡萄乾和橙皮，倒入牛奶合計140ml。葡萄乾和橙皮取出備用。
3　將2放入微波爐（500W）中加熱約30秒，和體溫（30～40℃）相當。
4　將酵母粉倒入3中攪拌滑順，靜置約5分鐘。
5　調理盆中倒入高筋麵粉和鹽，用手稍微混拌。加入奶油，用手一邊撒粉一邊擠壓奶油，搓拌至鬆散狀態。
6　將砂糖、2的葡萄乾和橙皮倒入5中，混拌均勻。
7　在6的麵團中央挖洞注入4。用手以搓揉的方式混拌到無粉末顆粒。
8　將7放在撒好手粉（分量外）的工作台上，揉捏約10分鐘。
9　當麵團搓揉滑順後，包上保鮮膜，利用烤箱的發酵功能或是放在30～40℃的場所靜置1個半小時發酵。
10　當9膨脹至2倍大後，用拳頭擠壓麵團排氣。放在工作台上切成6等分，分別揉圓，再稍微壓平。
11　將10間隔放在鋪好烘焙紙的烤盤上，利用烤箱的發酵功能或是放在30～40℃的場所靜置30～45分鐘發酵。

12 放進預熱到200℃的烤箱中烤15～20分鐘。如果表面烤色太深，蓋上錫箔紙烘烤。

食譜2

原味司康

材料／直徑6.5cm的菊型模6個份

無鹽奶油——100g
低筋麵粉——250g
泡打粉——1大匙
鹽——¼小匙
砂糖——50g
牛奶——80ml
雞蛋——1個

作法

1 奶油切成1cm丁狀。調理盆中放入低筋麵粉、泡打粉、鹽、砂糖和奶油丁，用手一邊撒粉一邊擠壓奶油地搓拌至鬆散狀態。

2 將雞蛋打入牛奶中攪拌均勻。

3 把2倒入1中用手混拌。揉捏成團後放進塑膠袋壓成3cm厚，放入冷凍庫靜置約10分鐘。

4 從冷凍庫取出3，放在撒好手粉（分量外）的工作台上，用菊型模切取，將切好的麵團放進冰箱。

5 剩下的麵團再次揉捏成團壓成3cm厚，同樣放進冷凍庫冷藏硬化後再用菊型模切取，切好的麵團放進冰箱。以同樣的方法製作6個。

6 從冰箱取出4和5排放在鋪好烘焙紙的烤盤上，放進預熱到220℃的烤箱中烤15～20分鐘。（Y）

而且，一般家庭很難做到濕潤的司康這樣的口感。將切成小丁的奶油放入麵粉和砂糖中，搓拌至紅豆般大小。然後再加入牛奶或雞蛋揉搓成團。殘留在麵粉中的奶油塊形成質地粗糙的司康。不過，我認為利用食物處理機等將奶油完全攪散直到看不見顆粒的話，就會是光滑濕潤的司康。

I 常聽到要做出濕潤口感就要加鮮奶油的說法，但並不是裡面放了鮮奶油呢。

Y 我想有些口感濕潤的司康也是放了鮮奶油。我始終覺得司康的沙沙顆粒感來自留在麵團中的奶油粒大小。如果將奶油攪拌得和麵粉一樣細再混入麵團中，大概就會做出和奶油蛋糕一樣質地細緻，口感濕潤的司康。

I 沙沙的顆粒感感覺就很好吃。我想知道百合子女士的司康食譜。

Y 因為我很喜歡吃司康，介紹給大家的是經過多次試作後，現階段烤得最美味的食譜。

▼食譜2—原味司康 ↓第185頁

美味的基準是平衡與變形感

I 粉狀感像是做壞了的形容詞，不過我卻當成加分的意思來用。那既是口感也是味道。在口中粗糙的口感和麥香濃郁的風味。該說是打開麵粉袋瞬間散出的香味吧。說到司康就會覺得口感粗糙的才會充滿麵粉香氣。口感偏濕潤的話，彷彿小麥風味也跟著消失了。我覺得能在此處取得平衡的才是好吃的司康。

Y 一旦所有的材料黏結成團，就很難感受到素材各自的風味呢。

I 所謂的美味，不就是素材間的極限值嗎？

Y 我相當喜歡司康的側面。上面看似光滑，卻突然出現碎裂感。

Y　我懂。司康斷面和派皮的層次原理相同。加到麵粉中的奶油在高溫下一口氣融化，麵粉因當下冒出的蒸氣力量而隆起。因為司康麵團中加了零星撒放的奶油粒，烘烤後呈現出凹凸不平感，而摺疊派皮麵團因為混入奶油薄片，所以膨脹的幅度一致。

I　果然，美味司康的外表都很有趣呢。

Y　比起光滑有質感的司康，凹凸不平的變形司康臉部表情比較生動。

I　變形感也是司康的魅力吧。我想日本人很難接受所謂的變形感。都做得太整齊了。

Y　雖然我很期待之後的司康進化論，但，身為原始司康的愛好者，還是希望抹上鮮奶油、奶油或果醬一起配茶食用的人能越來越多（笑）。

＊11　sens et sens
東京都町田市つくし野 1-28-6
042-850-5909
營業時間、公休日請上官網查詢
sensetsens.jp
徹底鑽研理論，尋求各單品特色的孤高職人・菅井悟郎主廚開設的咖啡館。嚴選食材，充分計算在口中融化的方式，呈現麵包和餐點最美味的瞬間。不提供麵包外帶服務。

＊12　Dans Dix Ans
東京都武蔵野市吉祥寺本町 2-28-2 B1F
0422-23-2595
10：00～18：00　週二、三公休
www.dans10ans.net
玻璃櫃中陳列的不僅是造型時尚的麵包，還有近年來基於對傳統和素材的深刻體認，以魯邦種（Pain au Levain）或 ChouChou 天然酵母等自家培養的酵母種製成的麵包。

鬆餅

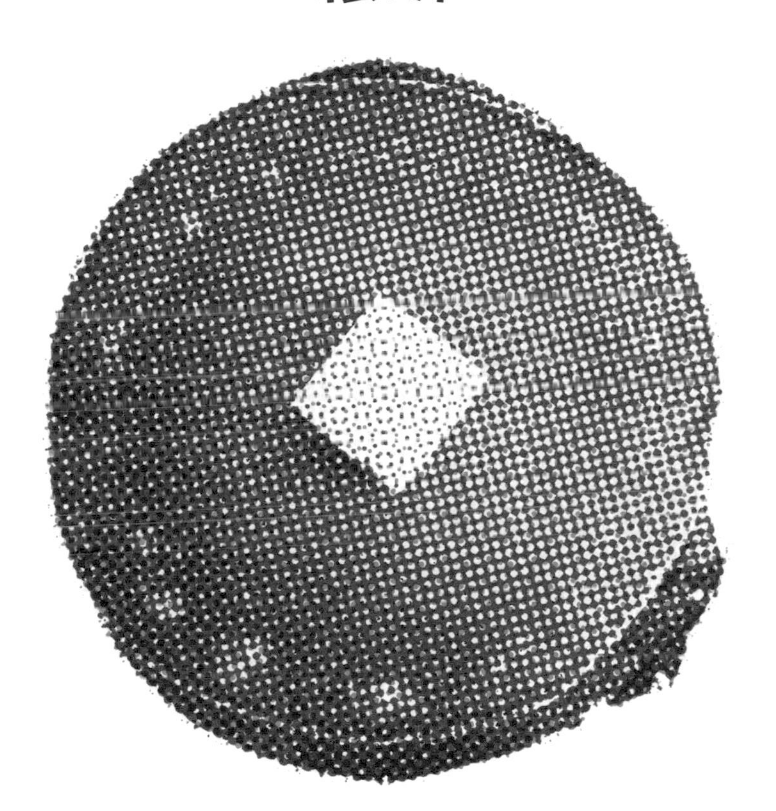

到目前為止安靜沉默的責任編輯K女士，因為太喜歡鬆餅了，便介入我們的對話。她除了曾經編輯鬆餅的食譜書外，還踏足美國本土、夏威夷、東京等地吃遍各店的鬆餅。對鬆餅知識廣泛及充滿深刻愛情的言論，值得一聽，所以這個單元特別讓K女士登場參與對話。

山本製作原創鬆餅

Y 回到福岡之後，每年都會受邀到B・B・B POTTERS（第183頁）雜貨店的咖啡館烤鬆餅。做出了和編輯+作家**赤澤かおり女士的夏威夷活動***1有關的鬆餅。

I 欸，是什麼樣的鬆餅？

Y 因為我沒去過夏威夷和美國，所以幾乎都是自己摸索出來的。不過聽說美國的鬆餅是用**白脫牛奶（buttermilk）***2做的，所以我用酸奶油取代白脫牛奶，增添少許的酸味和濃郁度。另外，雖然有一些費工，我還加了打發起泡的蛋白。因為日本很難買到白脫牛奶，所以也可以用1比1的牛奶和原味優格代替。

I 鬆餅中多了酸味就會很好吃喔。既可以讓甜味變清爽，又能分泌唾液讓口感更滑順。

Y 配料方面也煞費苦心。參考了**Eggs'n Things***3等鬆餅店。

K 這家店在2010年引進日本，是被譽為掀起鬆餅熱潮的夏威夷店家。該店推出的夏威夷鬆餅特色是質地軟彈加上鮮奶油與大量水果。

I 夏威夷當地是放什麼水果？

K 一定會有草莓、藍莓和香蕉。賣點是大量的鮮奶油。甜度低、味道輕盈。

I 草莓和大量鮮奶油，不就是大受日本人歡迎的要素（笑）。

Y 而且，2012年剛開幕那年，還推出從3種中選出1種，放上超多香蕉薄片、肉桂粉和糖粉的鬆餅。

I 百合子女士的鬆餅沒有附鮮奶油吧？

Y 我不太喜歡太多的鮮奶油。鬆餅本身味道夠好的話，淋上少許奶油和楓糖或蜂蜜就夠了，這是我對自製鬆餅的期許。

池田到處品嘗鬆餅

I 我拿著K女士給的美味店家名單，走訪各處鬆餅店。

Y 您喜歡哪家店？

I Momo Chidori＊4讓我很感動。雖然質地Q彈，卻因為口感柔和，沒有咬勁而頗具衝擊性。而且鹹味十足。據說要淋上糖漿再食用。這是最近的鬆餅趨勢嗎？

Y 我剛開始也覺得味道很鹹。讓人覺得是放了鹽粒

＊1 赤澤かおり女士的夏威夷活動
出過多本夏威夷相關書籍的赤澤かおり女士，和布藝家丹羽裕美子女士一起舉辦的活動 Aloha Tailor of Waikiki。販售用夏威夷襯衫改製成的衝浪褲、裙子或包包。

＊2 白脫牛奶
生乳靜置片刻油脂和水分會分離形成奶皮。經過攪拌做成奶油，剩下的液體就是白脫牛奶。味道微酸，在美國用於製作鬆餅、格子鬆餅或烘焙甜點等。

＊3 Eggs'n Things
www.eggsnthingsjapan.com
2010年登陸日本，來自夏威夷的休閒餐廳。擠上大量鮮奶油及擺滿水果的鬆餅吸引人群大排長龍，是掀起鬆餅熱潮的始祖。

＊4 Momo Chidori
東京都渋谷区代々木5-55-5 2F
採預約制。營業日期、時間等請上官網查詢。
www.momochidori.com
可在充滿寂靜氛圍的空間品嘗手沖咖啡和自製鬆餅的咖啡館。

Clinton St. Baking Company
鬆餅with楓糖奶油（巧克力）
第194頁

IWATA咖啡店
厚鬆餅
第200頁

最好吃的5種鬆餅粉

在近年來的鬆餅熱潮中，無論日本國產或進口品牌都紛紛推出各種鬆餅粉。從眾多鬆餅粉中，挑出原味及添加白脫牛奶的種類來試吃，選出前5名。（Y）

汀恩德魯卡
夏威夷白脫牛奶鬆餅粉

美國食品店汀恩德魯卡的自創商品。可烤出直徑10cm的鬆餅約10片。優點是不需備料，只要加水就好。味道略鹹偏清淡。吃起來像麵包適合當正餐。
購買處：汀恩德魯卡各分店（參考第135頁）

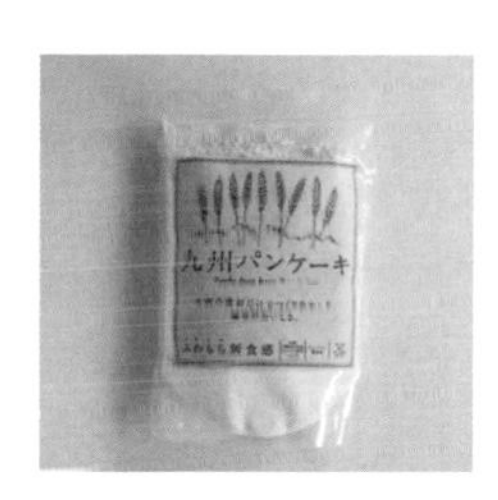

九州鬆餅

嚴選九州生產的素材製成的鬆餅粉。可烤出直徑12cm的鬆餅約7片。需自行添加雞蛋和牛奶。除了麵粉外，還加了糯黍（長崎）、紅糯米（福岡）、紫米（熊本）、發芽玄米（宮崎）等，可以吃到穀物的甜味，烤出酥脆口感。整體而言適合當正餐。
購買處：九州鬆餅（www.kyushu-pancake.jp）

APOC
白脫牛奶鬆餅粉

甜點、料理研究家大川雅子女士經營的鬆餅專賣店APOC的自創產品。須自行添加雞蛋和牛奶。可以嘗到恰到好處的微甜感及入口即化的口感。是甜點取向的鬆餅。約10片份。
購買處：APOC（參考第195頁）

PANCAKE MIX BY YURIKO YAMAMOTO
山本百合子的鬆餅粉

甜點、料理研究家山本百合子使用福岡生產的優質麵粉製成的鬆餅粉。按照食譜添加酸奶油製作的話，就能做出和本人在活動中烤出的人氣鬆餅一樣的味道（1袋約可做10片）。也可以只在鬆餅粉中加入牛奶和雞蛋（1袋約可做5片）。
購買處：B・B・B　POTTERS（參考第183頁）

歡樂記憶　美味記憶　鬆餅粉
桑原奈津子＋Dans dix ans

吉祥寺的人氣麵包店Dans dix ans，和精通粉類的甜點研究家桑原奈津子女士合作開發的鬆餅粉。每包2袋，1袋4片份。須自行添加雞蛋、牛奶、優格和奶油。麵粉香氣濃郁，充滿鬆餅味的鬆餅，適合當正餐或甜點食用。
購買處：Dans Dix Ans（參考第187頁）

嗎？的鹹度。吃起來Q彈鬆軟入口即化呢。所謂沒有咬勁就是韌性不足的感覺吧？

I　是麩質含量不高的意思。那柔和的口感沒有專業技術是做不出來的。我認為是值得特地去品嘗的店家。

K　我喜歡的鬆餅店是**APOC**＊5。讓我回想起以前在美國當地吃過，質地濕潤鬆軟的薄鬆餅。夏威夷鬆餅的質地也是如此，基本上從夏威夷引進的店家都是這種類型。不過，最近日本的鬆餅，無論是**Clinton St. Baking Company**＊6（第192頁照片）的也好、**IVY PLACE**＊7的也好，我覺得口感介於厚鬆餅（Hotcake）和鬆餅之間，具相當的咬勁及厚度。另外，最近也流行用瑞可達起司製作的鬆軟綿密鬆餅呢。

I　我也依K小姐的名單去了口感鬆軟綿密的人氣鬆餅店喔（笑）。

Y　我只在電視上看過，就像剛烤好的舒芙蕾吧？

I　根本就是舒芙蕾呀。因為一入口瞬間就融化了。瑞可達起司為鬆餅帶來的不只有酸味，還有濃郁度、油脂及乳酸菌的甜味。

Y　我最喜歡的Dans Dix Ans鬆餅粉（第193頁），就是添加優格的配方。在市售的厚鬆餅粉中加優格也很好吃喔。不放雞蛋和牛奶，只要有麵粉、泡打粉、砂糖和優格就能做出美味鬆餅。

可麗餅也是鬆餅

Y　鬆餅pancake中的pan是平底鍋frying pan的意思，整體而言就是用鐵板煎餅的意思，不過根據《吃在美國》（平松由美著、駸駸堂出版）書中描述，好像是印地安文或荷蘭文的樣子……。

I　免發酵麵包的始祖。

Y 是的。因此全世界都有類似鬆餅的食物。歐洲是可麗餅，總而言之就是「薄鬆餅文化」。不僅是法國，在英國、荷蘭、奧地利、捷克、北歐和波羅的海三小國等都有。因為「可麗餅（crêpe）」是法文，在其他國家，如英國稱之為「pancake」、捷克則是「palainky」，每個國家有自己的唸法。而且，也是和甜甜圈篇中提過的狂歡節（第152頁）有關的特製甜點。

I 可麗餅就是傳入美國前的鬆餅前身呢。

Y 鬆餅日和懺悔星期二（Mardi Gras，又稱油膩星期二），都是將狂歡節最後一天的星期二訂為「吃鬆餅（可麗餅）之日」呢。據說這樣的習慣來自古代或中世紀的人們，從隔天聖灰星期三開始就要邁入禁食肉類、雞蛋、乳製品的生活。因此要在這之前用完雞蛋等食材。

I 即使是猶太人，原本就會在這段期間吃免發酵麵包。因為發酵意味著性，最好在神聖期間避開吧。教會舉行彌撒時吃的麵包就是像仙貝般的免發酵麵包，也是基於同樣的道理呢。或許是用鬆餅充當免發酵麵包吧。

＊5　APOC
東京都港区南青山5-16-3-2F
03-3498-2613
12：00～18：00
週二、第1、3週週三公休
www.sasser.ac/apoc
甜點、料理研究家大川雅子女士開設的鬆餅專賣店。僅用嚴選素材製成的鬆餅粉頗受歡迎。

＊6　Clinton St. Baking Company
東京都港区南青山5-17-1
YHT 南山ビル
03-6450-5944
8：00～22：00　不定期公休
clintonstreetbaking.co.jp
使用當季食材製作美國傳統料理的紐約餐廳。藍莓鬆餅在當地也頗受好評。

＊7　IVY PLACE
東京都渋谷区猿樂町16-15
03-6415-3232
7：00～22：00　LO
（鬆餅～17：00）
全年無休
www.tysons.jp
結合早餐、午餐、晚餐於一處的獨棟餐廳。

讓鬆餅更美味的配料提案

紅豆餡＋酸奶油

材料／1人份

紅豆餡（粒狀市售品）——適量

酸奶油——和紅豆餡等量

作法

1 酸奶油攪拌滑順。

2 將紅豆餡和酸奶油放在剛烤好的鬆餅上即可。

＊用奶油取代酸奶油也很對味。

奶油＋黑糖蜜

材料／1人份

奶油——適量

黑糖蜜

水——50ml

黑砂糖——50g

作法

1 奶油切成喜歡的形狀放進冰箱冷藏備用。

2 鍋中倒入分量用水＋黑糖攪拌，開中火加熱。熬煮1～1分半鐘直到變得稍微濃稠。

3 將1放在剛烤好的鬆餅上，淋上2即可。

香煎橙皮＋蜂蜜

材料／1人份

香煎橙皮

柳橙——½個　奶油——10g

君度橙酒（有的話）——適量

蜂蜜——適量

作法

1 柳橙去皮切滾刀塊。

2 奶油放入平底鍋中開中火加熱，融化後放入1。

3 炒到稍微上色後，倒入君度橙酒關火。

4 將3放在剛烤好的鬆餅上面，淋上蜂蜜即可。

檸檬凝乳

材料／容易製作的分量

雞蛋——2個　檸檬汁——100ml

砂糖——170g　無鹽奶油——30g

作法

1 雞蛋打入調理盆中，用打蛋器攪拌均勻。

2 鍋中放入檸檬汁、砂糖和奶油，開小火一邊加熱一邊用木鏟慢慢攪拌。

3 當2煮沸，砂糖完全溶解後關火，靜置到不再沸騰冒泡。

4 一邊將3分次少量地加入1中，一邊用打蛋器攪拌。完全混合後倒回鍋中，再開小火加熱。

5 用木鏟在鍋底以畫8字形的方式不停地攪拌至濃稠狀態。

6 煮到濃稠之後離火，倒入煮沸消毒、晾乾備用的玻璃瓶中，蓋緊蓋子。

7 將6塗在剛烤好的鬆餅上即可。（Y）

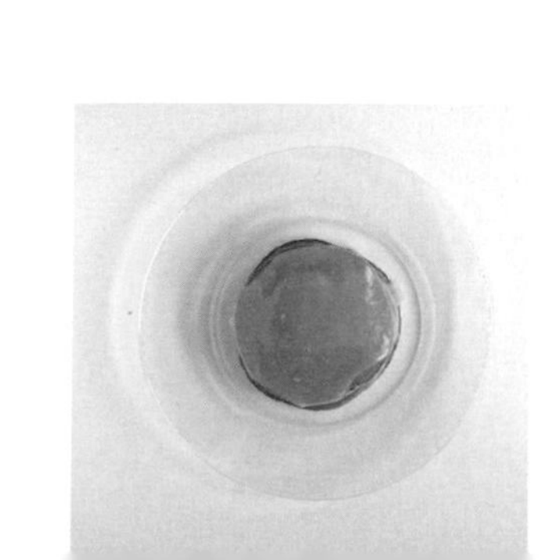

而且，在英國的鬆餅日，大家好像會把鬆餅放在平底鍋中競走（笑）。

Y 和法國的懺悔星期二同一天呢。淋上檸檬汁和細砂糖，捲包起來食用成為英國的吃法。

I 那不錯耶！

Y 從搭配的餡料或配料等也能看出民族性。順帶一提在法國，奶油加細砂糖是最簡單的吃法。另外，因為可麗餅源自布列塔尼區，近年來也很流行淋上布列塔尼的名產鹽味焦糖醬後品嘗呢。

K 原本在英國的薄鬆餅到了美國不是增厚了嗎？有可能是像馬芬般加了泡打粉膨脹起來的吧。

Y 確實如此。像可麗餅這麼薄的話，很難填飽美國人的肚子吧（笑）。現在，日本流行的鬆餅，還是屬於美國的飲食文化吧？美國的話印象中是在餐車等處買來當早餐吃。

K 好像會在鬆餅上放荷包蛋和培根，淋上楓糖漿食用。

Y 鹹鹹甜甜的味道會讓人上癮呢。歐美的麵粉類製品特色是不只當甜點類，還能做成正餐鹹點。

I 美國人很喜歡鹹甜味。鬆餅如此，連馬芬也能做成鹹點。

始於昭和的厚鬆餅

Y 您知道鬆餅（pancake）和厚鬆餅（hotcake）的差別嗎？我曾以為 hotcake 是 pancake 傳入日本後的和製英語。但是美國好像也有「hotcake」的單字。

I 應該是美式英語吧。不過，目前在日本普遍認為 hotcake 和 pancake 的差別是「厚度」。

Y 小時候去買厚鬆餅粉的時候，因為烤出來不像照片那麼蓬鬆，一直以為照片是誇大不實的廣告呢（笑）。

I　我也是，小時候內心超不爽！那時好期待照片中的厚鬆餅！

Y　要用中空圈模才做得出那麼漂亮的厚度吧。我想所有買厚鬆餅粉來做的人都曾質疑過吧（笑）。

I　擋在兒童面前的不合理，就是長大成人的原動力（笑）。

Y　是呀！相信做得出那種厚度而努力。

I　即便如此，我對昭和厚鬆餅不知在何時成為鬆餅躍上流行尖端的過程相當感興趣呢。同時想到的還有，楓糖漿口味的鬆餅超多。應該有其他新穎的可能性。思索還有什麼種類的醬汁或配料，對此我想請教百合子女士。如果能在家簡單製作就更好了。

Y　當然有。因為這波鬆餅熱潮出現許多鬆餅粉，如果能選出5種最美味的鬆餅粉不是讓人很開心嗎？

I　我想知道！

▼實驗1─最好吃的5種鬆餅粉　↓第193頁
▼實驗2─讓鬆餅更美味的配料提案　↓第196頁

＊8　Fru-Full 厚鬆餅甜品店
東京都港区赤坂 2-17-52
パラッツオ赤坂 103 号室
03-3583-2425
11：00 ～ 19：30
（週六、日、假日～ 18：00）
週一、第 3 週週日公休
不定期公休
www.frufull.jp
該店承襲已歇業的万惣水果店那令人懷念的好味道。除了厚鬆餅外，只選用新鮮亮麗的水果製成的水果聖代或水果三明治也很有名。

＊9　IWATA 咖啡店
神奈川県鎌倉市小町 1-5-7
0467-22-2689
10：00 ～ 17：30
週二、第 2 週週三公休
戰後隨即在鎌倉車站前開業至今的老字號咖啡館。招牌商品是 2 片合計厚達 7cm 的厚鬆餅。

池田為鬆餅分類

K 希望池田先生可以幫目前日本流行的鬆餅做分類。因為我覺得沒有哪個國家的鬆餅種類像日本這麼多。

I K小姐丟來一個難題呢（笑）。

Y 我也很希望您可以整理一下充斥在市面上的鬆餅。

I 大致分類如下吧。

・濕潤柔軟的薄鬆餅（美式基本款）=Momo Chidori、APOC

雖然口感軟Q卻不具彈性。在口中不會回彈就融化的感覺，很容易讓人接受。

・咬勁十足的彈性鬆餅（介於鬆餅和厚鬆餅之間）=Clinton St. Baking Company、IVY PLACE

質地略帶厚度還算柔軟，但不會立刻在口中融化的反彈口感，展現出樸實感。

・日式傳統甜點鋪必備的厚鬆餅=**Fru-Full***8

品嘗古早味。在懷舊茶館中品味高雅舒適的奢華感。

・超厚鬆餅=**IWATA咖啡店***9（第192頁照片）

乍看之下超厚的鬆餅，卻入口即化不需費力咀嚼。和堆滿水果的鬆餅一樣，光看外表就很可愛，再度於社群網路時代引領風騷。

簡直是百花齊放。日本居然成為鬆餅大國，英國人或美國人都很訝異吧（笑）。

史多倫麵包

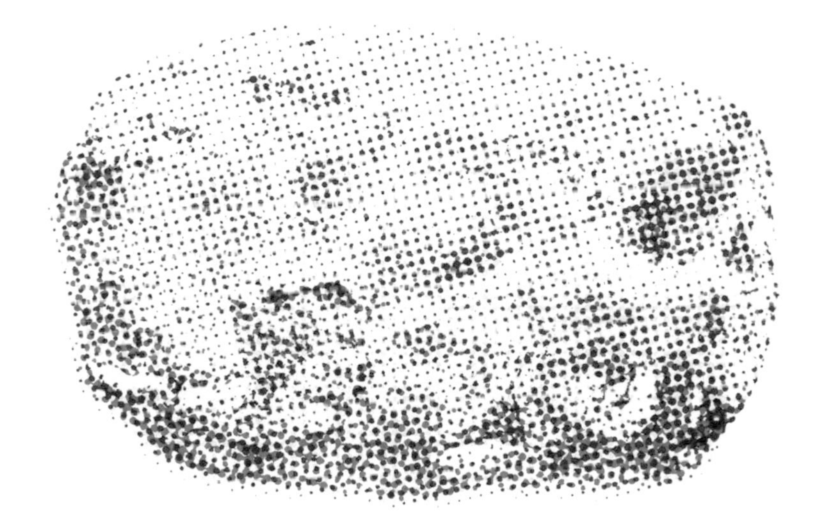

探討史多倫麵包受歡迎的秘密

I 史多倫麵包對我來說就是種神祕的麵包。始終不明白其必然性為何。前幾天，我到 **BÄCKEREI BIOBROT**＊1拜訪時，松崎太主廚做了**史多倫麵包**（第208頁照片）。松崎先生曾到德勒斯登（Dresden）研修過。

Y 史多倫麵包的發祥地就在德國的德勒斯登呢。

I 是的。然後我說「雖然我吃過不少史多倫麵包卻不曉得它到底是什麼，不過可以肯定的是我喜歡 BÄCKEREI BIOBROT 的史多倫麵包」。於是松崎先生說「因為我自己也不知道，所以這是經過多次試做才完成的。」對在德國當地獲得大師（Meister）頭銜的松崎先生而言，似乎是如此。

Y 好深奧的話啊。

I 舉例來說，BÄCKEREI BIOBROT 從一開始就決定用有機全麥麵粉。以石臼自行將糙麥磨製成麵粉做麵包。史多倫麵包也是用全麥麵粉做的。因為是全麥麵粉，麥香風味十足。據說為了調製出和全麥麵粉的最佳比例，逐次增加奶油用量，完成目前的配方。成品史多倫麵包的魅力，就在小麥和奶油鮮明交織，能嘗到兩者的風味。可吃到麵粉和奶油的食物就是史多倫麵包。我自己很喜歡這點。

Y 某位德國人說比起德國，日本的史多倫麵包和年輪蛋糕（Baumkuchen）更多。我試著以自己的觀點分析了史多倫麵包至今備受矚目的原因……。該不會是麵團中加了果乾和堅果的硬麵包種類增加，受到很多女性歡迎吧？如此說來，我也一樣呢（笑）。果乾和堅果組合成的麵包，都是愛吃粉類製品的日本女性「喜愛」的元素呢。史多倫麵包當然也是這樣。

I **果乾麵包（pain aux fruits）**＊2在日本是愛上硬麵包的入門品項呢。我以前也是拿紐約果乾麵包棒啃個不停。

Y 是SAINT-GERMAIN＊3的麵包吧！我也很喜歡。在20幾年前風靡一時呢。那是果乾和堅果麵包的始祖吧。

I 細長型的麵包棒烤得香脆無比，和堅果相當對味。而且還加了果乾。

Y 史多倫麵包和果乾蛋糕的差別只在於用的是高筋麵粉或低筋麵粉、以酵母發酵或是加泡打粉使其膨脹等，其餘添加的食材大同小異。話雖如此史多倫麵包至今仍大受矚目，果乾蛋糕卻過時了。

I 為什麼會這樣呢？

Y 史多倫麵包最厲害的就是它的吃法，一邊引頸期盼聖誕節一邊切下麵包薄片慢慢地吃完。而且，質地介於麵包和蛋糕，也就是果乾麵包和果乾蛋糕間，既保有麵包優點又同時近似甜點之處也很棒。

I 我相當喜歡史多倫麵包類似麵包烤透後自身散發出的濃郁風味。KANEL BREAD（第51頁）的史多倫麵包（第208頁照片）烘烤通透，外皮飄散香氣同時帶有崩壞感。有的硬麵包外皮稍微咬一下就會喀嚓作響，好像隨時要裂開？我覺得這反而是接近傳統

＊1 BÄCKEREI BIOBROT
兵庫県芦屋市宮塚町 14-14-101
0797-23-8923
9：00～18：30　週二、三公休
使用自家糙麥磨製成的有機麵粉。收集古今中外的文獻，鑽研製法製作全麥麵包等。

＊2 果乾麵包
在法國，堅果也算是果乾的一種，因此用來通稱加了堅果或果乾的麵包。

＊3 SAINT-GERMAIN
www.saint-germain.co.jp
1970年在澀谷開設第一家店。致力在日本推廣道地法國麵包的連鎖烘焙店。

的麵包。以前的史多倫麵包應該是放在柴窯中烤，就算烤焦了也不奇怪，不是嗎？柴窯石頭的蓄熱效果佳，連內部都能熟透。

Y　窯烤史多倫麵包，光想就很好吃。

I　緊接著也吃了CICOUTE BAKERY（第175頁）的**史多倫麵包**（第208頁照片）。主廚北村千里女士公開表示喜歡吃外皮，所以麵包烤得火候十足。這裡的史多倫麵包也烤得通透，香氣撲鼻充滿崩壞感。我很喜歡。宛如聽了場森林產物的合唱。葡萄乾或柑橘香氣是嘹亮的女高音。如男低音般低音環繞的甜味是腰果或杏仁。而且還配合各式水果用不同的酒類浸泡。

Y　池田先生是詩人。

I　沒有沒有（笑）。吃了這些史多倫麵包我覺得，史多倫麵包是味覺溢位（overflow）。

Y　意思是？

I　投入各種配料再接二連三地呈現出來。被迫置身於超出自我資訊處理能力的狀態，無法跟上反而能得到快感。就像節奏緊湊的動作電影。剛開始先嘗到砂糖，外皮香氣隨之而來，還加了許多果乾、堅果及酒。已經追不上腳步了。超出人類一次能感受到的味覺正是史多倫麵包的魅力。因此平衡得宜相當重要。若是沒取得平衡，就無法嘗到所有配料各自的特色。帶不出溢位的快感。能達成這些才是美味的史多倫麵包。

德國人喜歡具整體感的熟成類型？

Y　也有非常濕潤，具整體感的史多倫麵包呢。與其說是麵粉、奶油和各種食材陸續襲來，更像是雖保有各自風味，口感上卻和諧一致。

I　喜歡那種史多倫麵包的人，一定是比我更德國的德國人。德國有熟成越久越好吃的文化。日本是新鮮現做的文化，喜歡生食，如生魚片等代表性食物。或許是喜歡每種味道的新鮮分明感吧。我經常邊吃邊分析，喜歡乾淨無混合的吃法。一旦熟成，奶油和葡萄乾、果實的風味就會漸漸地互相交融，呈現一致性。同時也會蒸發掉水分變得濃郁厚實。我想這就是熟成的意義，德國人喜歡這樣。我吃過從聖誕節後一直放到來年開春前的史多倫麵包。是 **Bäckerei Konditorei Hidaka**＊4（第209頁照片）的商品。日高主廚也是在德國榮獲大師頭銜的人。勉強維持住麵包形體地進行熟成，充滿酒類或香料風味的糖霜滲入麵團融合。表現出不銳利且相當圓潤的味道，而且還會在口中再度交織出不同風味。

Y 德國麵包不像法國的法棍麵包般重視新鮮度，有很多就算久放也好吃的麵包呢。

I 就如同您所說的。

Y 我第一次吃到美味的史多倫麵包是在大學時代。那時不像現在有令人覺得超級美味的麵包，口感都相當乾硬。這時，研究室的教授將來自德國的史多倫麵包分送給大家。中間放了杏仁膏，質地相當濕潤。當時心想這是我吃過最好吃的史多倫麵包。

＊4　Bäckerei Konditorei Hidaka
島取県太田市大森町ハ 90-1
0854-89-0500
10：00～17：00　週二、四公休
店面位於世界遺產石見銀山所在地大森鎮上的傳統古民宅內。招牌商品是德國極品史多倫麵包。

I　歐洲人會覺得杏仁膏很好吃。

Y　杏仁膏的主要材料是杏仁。杏仁因為氧化容易損壞，所以做成更新鮮美味的杏仁膏。德國的杏仁膏口感鬆軟，可以吃到杏仁粉和糖漿精心揉製後的風味。就像蒸煮得宜的白豆沙餡般新鮮美味。

I　在日本或許比較重視輕盈感，大多不放杏仁膏。不過，我覺得也具備了傳統史多倫麵包的優點。告訴我這點的是BOULANGERIE L'ecrin（第135頁）在2015年推出的**杏仁史多倫麵包**（第209頁照片）。雖然櫻桃強烈的酸味、來自葡萄乾或蔓越莓的果實香氣與烈酒一起在口中擴散開來，濃烈馥郁相當刺激，但杏仁溫潤的甜味中和了這些味道。這也是史多倫麵包整體平衡的重要性。（BOULANGERIE L'ecrin 每年都會推出年度新品。2016年是蘋果酒史多倫麵包。）

Y　因為我自己很愛吃史多倫麵包，想著是否能用泡打粉簡單製作，經過多次試作後終於成功了。雖然直接吃也很好吃，但塗上厚厚一層奶油品嘗的話，感覺更道地。

I　務必要把食譜告訴我們！

▼食譜｜用泡打粉做史多倫麵包　↓第212頁

歐洲的聖誕甜點大集合

Y　說到底，史多倫麵包在德國是**降臨節**（Advent）*5的過節食物呢。雖然在日本容易忘記其宗教背景，但是也有人說史多倫麵包的造型其實是基督誕生時裹的白色襁褓模樣。將中間的杏仁膏比喻為基督……。

I　據說聖誕節儀式本身，在基督教扎根於歐洲前原本源自對森林的傳統信仰。史多倫麵包的由來也是如此吧。為了過冬收集並保存秋天時在森林採擷到的食材。在節慶時全數取出食用。不是挑選而是集結當季材料。裡面加了香料，然而這在以前是相當貴重的物品。擁有特殊的價值意義吧。出現於歷史悠久的背景下，對當時的人們而言，是相當豐盛的饗宴。不過因為我生長在只要上超市，任何物品都能應有盡有的時代，所以仍然不瞭解史多倫麵包的必然性。

Y 和喜歡果乾及堅果的女性頻率很合呢。或許這就是男性不明白的地方吧。

I 與森林精靈產生共鳴了呢（笑）。

Y 水果及堅果烘乾後保存備用，在聖誕節等特殊日子取出做成甜點的文化在歐洲各國都看得到。英國的**聖誕布丁**＊6或**百果餡派**（Mince Pie）＊7、西班牙的**杜隆杏仁糖**（Turrón）＊8、法國阿爾薩斯區的**貝拉維加洋梨麵包**（Berawecka）＊9、義大利的**潘妮朵妮水果麵包**（Panettone）＊10等都是。聖誕節也有很多加了香料的甜點。

I 感謝今年的收成同時祈禱來年豐收吧。因為收成的多寡在以前直接關係到生存與否。我認為很像年菜的概念。再往前追溯的話，聽說史多倫麵包原本是沒

＊5　降臨節
期盼基督降臨的期間。到 12 月 24 號為止約 1 個月。

＊6　聖誕布丁
英國傳統聖誕甜點。在麵包粉、牛油、雞蛋和牛奶中加入葡萄乾等果乾、堅果及香料，放入專用的布丁烤模中蒸烤。食用時淋上白蘭地焰燒，搭配白蘭地奶油或蘭姆酒奶油品嘗。

＊7　百果餡派
填滿果乾丁餡料的小圓派。原本不是圓形，是類似聖嬰搖籃的橢圓形。雖然現在是整年都吃得到的甜點，但在伊莉莎白時代以前是聖誕節才出現的甜點。

＊8　杜隆杏仁糖
西班牙的傳統聖誕甜點。基本原則是用杏仁等堅果製成的片狀甜點，其餘外觀、口感及口味不拘。從混合杏仁、砂糖、蜂蜜和蛋白凝固成如牛軋糖般的類型到焦糖加杏仁直接凝固的都有，種類多樣。

＊9　貝拉維加洋梨麵包
法國阿爾薩斯區的聖誕麵包。麵團中加了大量浸漬過櫻桃白蘭地再烘乾的蘋果或洋梨等果乾與堅果連結成形。

＊10　潘妮朵妮水果麵包
義大利的傳統發酵甜點。在用潘妮朵妮酵母慢慢發酵成類似布里歐許的麵團中，加入切碎的葡萄乾或橙皮等果乾揉捏成圓柱狀烘焙而成。原本是米蘭的名產，習慣在聖誕節期間拿來互贈親友。

KANEL BREAD
史多倫麵包
第 203 頁

BÄCKEREI BIOBROT
史多倫麵包
第 202 頁

CICOUTE BAKERY
史多倫麵包
第 204 頁

Bäckerei Konditorei Hidaka
史多倫麵包
第205頁

BOULANGERIE L'ecrin
史多倫麵包
第206頁

Pane & Olio
史多倫麵包
第210頁

果乾，狀似木柴的條狀麵包。**聖誕樹幹蛋糕**＊11也是做成木頭形狀呢。據說這些都是歐洲各地，在冬至期間從森林撿拾木頭，燃燒木柴的信仰演變而來的。相關訊息詳見《不為所知的聖誕節》（舟田詠子著、朝日新聞社）一書。

Y　去年，我在聖誕節前去了趟巴黎，於老字號百貨公司樂蓬馬歇百貨（Le Bon Marché）的食品區看到很多義大利進口的潘妮朵妮水果麵包。其他超市或食品店也有零星販售。不過，卻很少看到史多倫麵包呢。

I　潘妮朵妮菌種很厲害，其發酵後的香氣相當迷人。有家名為**Pane & Olio**＊12的麵包店，師傅曾在義大利修業過，用從義大利師父的店家帶來的潘妮朵妮菌種做成**潘妮朵妮水果麵包**（第209頁照片）。

Y　潘妮朵妮菌種是怎麼做出來的呢？

I　產於北義大利科莫湖附近的酵母。另一種說法是，從剛出生喝過初乳的小牛腸內取出的菌種為基底培養而成，不過，我問過進口潘妮朵妮菌種的公司老闆，他解釋說「那只是傳聞，在北義大利取得的天然酵母就是潘妮朵妮菌種」。

Y　潘妮朵妮的意思是「大麵包」。在義大利文中，pane指的是「麵包」、tone則是「大」。

I　潘妮朵妮的名稱由來另有一說，是由一位麵包師傅Toni做的麵包。不過，我覺得「大麵包」最能表現出潘妮朵妮麵包的特色。距今600年前的15世紀，是麵包酵母（酵母粉）製法尚未發明前，只有天然酵母的時代，麵包應該很難膨脹到那種高度。聽說連Pane & Olio都要費時5天才能做到。

要膨脹到那麼大，才做得出那番口感。因為每個氣泡都縱向延伸，就像纖維束般容易撕取。因此放入口中才有瞬間化開的快感。

Y　高度和美味程度息息相關呢。那您知道潘妮朵妮麵包的食用時機和方式嗎？

I　和史多倫麵包一樣，潘妮朵妮麵包也是互贈的禮物。聖誕樹下會放好幾個不同親友所贈送的潘妮朵妮麵包。聽說大家會像日本收到賀年卡時那樣和家人閒聊「那個人送來這個，這個人送來那個」，一邊喝著氣泡葡萄酒（spumante）一邊在25號開動。所以，我主張在12月，直到24號為止每天吃一點史多倫麵包，從25號起換吃潘妮朵妮麵包（笑）。

Y　若是在24號聖誕夜吃樹幹蛋糕就更完美了吧？能在聖誕季節品嘗到德國、法國和義大利3個國家的風味。

I　吃甜麵包過生活的12月，實在是太棒了！（笑）

＊11　聖誕樹幹蛋糕

＊12　Pane & Olio
東京都文京区音羽 1-20-13
03-6902-0190
10：00 ～ 18：00
週日、一、假日公休
paneeolio.co.jp
從義大利進口麵包機和橄欖油。以在當地學到的方法配合日本人的味覺製作潘妮朵妮等麵包。

用泡打粉做史多倫麵包

材料／寬12cm、長25cm 1個份

* 葡萄乾──40g
* 橙皮（切小丁）──40g
* 糖漬櫻桃──20g
* 杏仁粒──25g
* 核桃──25g
* 蘭姆酒──50ml
* 無鹽奶油──50g＋50g
* 高筋麵粉──50g
* 低筋麵粉──50g
* 泡打粉──½大匙
* 肉桂粉──½小匙
* 杏仁粉──50g
* 砂糖──40g
* 雞蛋──1個
* 糖粉──適量

（葡萄乾、橙皮、糖漬櫻桃標＊；杏仁粒、核桃標＊）

＊果乾合計100g、堅果合計50g

作法

1 將葡萄乾、橙皮、糖漬櫻桃、杏仁、核桃放進密閉容器中，倒入蘭姆酒靜置一晚。

2 將50g奶油切成1cm丁狀。調理盆中放入高筋麵粉、低筋麵粉、泡打粉、肉桂粉、杏仁粉、砂糖和奶油丁，用手一邊撒粉一邊擠壓奶油，搓拌至鬆散狀態。

3 在**2**中加入瀝乾蘭姆酒的果乾和堅果、打散拌勻的蛋液，用橡皮刮刀切拌到無粉末顆粒殘留。

4 烤盤鋪上烘焙紙，放上**3**擀成長軸22cm、短軸15cm的橢圓形，利用烘焙紙錯開麵團邊緣對折。放進冰箱靜置10～20分鐘。

5 從冰箱取出**4**，放進預熱到160℃的烤箱中烤約40分鐘。

6 將50g奶油放進微波爐（500W）中加熱約1分鐘融化。

7 趁熱將**6**塗滿**5**各處。

8 當奶油完全變乾後撒上糖粉即可。（**Y**）

Column
5

加拉巴哥麵包 愛上古早味麵包。池袋〜淺草的實地考察

早上10點，山本百合子女士、編輯K女士和我在池袋站東口的貓頭鷹像前集合。要去調查不輸給席捲而來的時代浪潮，傳承昭和香氣至今的加拉巴哥麵包現況。（Galapagos，譯註：如加拉巴哥群島的地方特有物種般獨自進行最適化，與其他物種區分開來，自成體系）

加拉巴哥化無所不在。是否就在你我身邊，稍不留意就會錯過？池袋車站前的西點店，TAKASE 就是這樣。

這裡是懷舊可愛麵包的寶庫。心想這是熱狗麵包？上前一看，原來是熱狗麵包造型的多拿滋麵包上，擠上咖啡奶油並放了加州梅的「**摩卡多拿滋**」[1]。

百合子女士說「摩卡和加州梅的酸味很搭呢」。

還有包著豆沙餡放上求肥麻糬的「豆沙涼粉多拿滋」、在鮮奶油上放了糖漬櫻桃和黃桃的「水果多拿滋」等變化款。

「**長崎蛋糕麵包捲（KASUTE）**」[2]是在長崎蛋糕周圍包上甜麵包的品項。麵包和長崎蛋糕、麵包和海綿蛋糕的組合，是加拉巴哥界的基本搭檔。

接著走訪文京區春日。Eagle 文京就位於洋溢著加拉巴哥氣息的小鎮上。透過玻璃窗可以

看到放在鋁框貨架上油油亮亮的美麗麵包。同時也看到了散步經過此處的幼稚園學童們異口同聲地說「好想吃奶油麵包」的奇蹟景象。在這裡遇見將奶油擠在紡錘狀麵包上，淋上巧克力，做成閃電泡芙造型的「**閃電泡芙麵包**」[3]。

在老街的某家店收集甜食，大快朵頤後的百合子女士說了一句話。「乾乾的口感反而不錯。像是日本版司康呢」。

西伯利亞蛋糕[4]是在位於淺草，店內販售種類豐富紅豆麵包的ANDESU MATOBA買到的。是製餡工廠的直營麵包店。我想到採訪當天，高齡83歲的老闆告訴我「西伯利亞蛋糕夾的不是紅豆餡，是水羊羹」。

在淺草同樣有家加拉巴哥麵包的綠洲。創業66年的TERASAWA。長玻璃櫃內排滿多款古早味麵包。連尾巴都填滿餡料的螺旋麵包三劍客，**巧克力螺旋麵包**[5]、鮮奶油螺旋麵包及紅豆奶油螺旋麵包。這裡也有**長崎蛋糕麵包**[6]，是用甜麵包包住長崎蛋糕的熟悉組合。當中也有讓我們欣喜若狂的**牛奶麵包**[7]。餅體上放了杏桃果醬。百合子女士相當喜歡，「杏桃酸味明顯。因為餅體奶香濃郁，好想來杯牛奶或奶茶」。

我們請教店主，明明是餅類糕點，為何取名為牛奶麵包呢。「小時候就叫這個名字，所以我也不知道耶。像這樣的圓形甜點多半叫麵包。有些也叫造型麵包（deco pain）呢。是取自平底鍋（frying pan）的pan嗎？」

雖然有段期間停產，卻依照保留下來的食譜再度恢復原貌。令人聯想起可愛、不知為何充滿法式風味，淺草黃金時期的西洋文化。

百合子女士度過收穫滿滿的一天，內心有感而發。「現在的日本努力追求經濟成長，雖然有很多美味食物，但在以前是盡心利用身邊的材料做出美味食物。我喜歡那樣的盡心努力。」牛奶麵包啊、所有的加拉巴哥麵包啊，要永留長存。（I）

Eagle 文京
東京都文京区小石川 1-9-5　03-3811-2874
8：00～18：30　週日公休
位於東京都心區，和保有復古商店街的街道氛圍相當匹配的老店。室內裝潢和女店長一樣可愛，擺滿風味柔和的麵包。

TERASAWA 蛋糕麵包店
東京都台東区浅草 6-18-16　03-3875-5611
7：30～19：00（週六～16：00）　週日、假日公休
隱身老街巷弄內，昭和 25 年開業的烘焙坊兼西點店。招牌商品是鮮奶油螺旋麵包。

TAKASE 池袋總店
東京都豊島区東池袋 1-1-4　03-3971-0211
8：00～22：00（1F）　全年無休
www.takase-yogashi.com/
大正 9 年開業的西點店。矗立於池袋車站前的 9 層樓旗艦店，1 樓販售麵包、甜點、2 樓是咖啡館、3 樓是餐廳、9 樓是咖啡吧，宛如美食百貨商場。

ANDESU MATOBA
參閱第 23 頁

海外

結語

在池田先生瘦長的身軀裡，到底塞了多少個麵包呢？我和池田先生一起做過好幾次麵包採訪，每當他大口大口咀嚼時心裡就會這麼想。而且享用完之後還會從口中說出溫暖真實的話語，包含對烘焙師的敬意。

那樣的池田先生在本書中所呈現、宛如刺激食慾的料理照片般「挑動觀者口腹之慾」的文章頗具魅力。相較於此，我只能略盡棉薄之力，活用在法國學習甜點的經驗或在歐洲各國遍尋美食的體驗，分析「甜麵包」，提供食譜。從巧克力螺旋麵包展開的板狀巧克力奶油麵包、從馬芬延伸出的英式馬芬等各項話題。作為標題的麵包，不過是「甜麵包」主題樂園的入口罷了。

甜麵包在飲食生活的重要程度上，還輸給三明治或鹹麵包吧。正因為如此，最後，或許有些自我意識過剩，但我想說些和開心品嘗「甜麵包」有關的經驗做結語。我在法國生活時，早上會吃甜麵包。一大杯咖啡歐蕾和甜麵包是我20幾年來不曾改變的早餐。前一天先準備好甜麵包，以及搭配的美味果醬或奶油，然後興奮地期待隔天早上的來臨，沒有比這更愉快的事了。中餐吃得清淡些，甜點就來份稍微奢華的丹麥麵包。也可以吃鹹麵包當主食，用甜麵包代替甜點。鬆餅、甜甜圈或馬芬搭配放了加了很多配料的義大利什錦湯或蛤蜊巧達湯等湯品。是的，甜麵包就是讓我的頭腦與心靈變得非常靈活的可愛食物。

藉此機會衷心感謝從構思就開始接觸，後來去放產假的編輯久保萬紀惠女士、帶領我直到本書完成的繼任編輯至田玲子女士、作品犀利充滿特色的平面設計師大島依提亞女士、附上幽默插畫的高橋將貴先生。然後，也要對心懷熱情每天持續製作「甜麵包」的師傅們致上由衷的謝意。

2017年1月　山本百合子

池田浩明（Ikeda Hiroaki）

麵包作家。麵包研究所「麵包實驗室」的主持人。是一個Bread Geek（麵包宅）。不停地吃麵包、寫麵包。在每日更新的部落格、twitter、instagram中紀錄書上介紹的美麗麵包資訊。主要作品有《麵包實驗室》（白夜書房）、《麵包慾望》（世界文化社）、《讓吐司更美味的99道魔法》（GUIDEWORKS）等著作。
麵包實驗室blog　http://panlabo.jugem.jp

山本百合子（Yamamoto Yuriko）

甜點、料理研究家。日本女子大學家政學部食品學系畢業後，1997年赴巴黎。在甜點學校取得法國藍帶廚藝與糕點全能證照（Grand Diplôme）後，從2000年開始以法國或歐洲各國的甜點、飲食文化、生活風格為主題，撰寫了近30本書籍和譯作。主要作品有《70家巴黎美食店與產品》（誠文堂新光社）、《巴黎的歷史探訪筆記》（合著，六耀社）等著作。
instagram〈yamamotohotel〉持續更新中。

TITLE

沒飯可吃？那你不會吃甜麵包嗎？

STAFF

出版	瑞昇文化事業股份有限公司
作者	池田浩明　山本百合子
譯者	郭欣惠
監譯	高詹燦
總編輯	郭湘齡
責任編輯	徐承義
文字編輯	蔣詩綺　陳亭安
美術編輯	孫慧琪
排版	曾兆珩
製版	昇昇興業股份有限公司
印刷	桂林彩色印刷股份有限公司
法律顧問	經兆國際法律事務所　黃沛聲律師
戶名	瑞昇文化事業股份有限公司
劃撥帳號	19598343
地址	新北市中和區景平路464巷2弄1-4號
電話	(02)2945-3191
傳真	(02)2945-3190
網址	www.rising-books.com.tw
Mail	deepblue@rising-books.com.tw
初版日期	2018年10月
定價	350元

ORIGINAL JAPANESE EDITION STAFF

写真	池田浩明 山本百合子
ブックデザイン	大島依提亜
イラストレーション	高橋将貴
編集協力	大野麻里 片岡史恵
製作協力	ギャラリーフェブ 八尋恒隆 横田洋子

國家圖書館出版品預行編目資料

沒飯可吃?那你不會吃甜麵包嗎?：麵包專題作家x甜點研究家的奇趣對談集 / 池田浩明, 山本百合子作；郭欣惠譯. -- 初版. -- 新北市：瑞昇文化, 2018.09
224 面；14.8 x 21公分
譯自：おかしなパン
ISBN 978-986-401-276-3(平裝)
1.點心食譜 2.麵包
427.16　107015720